世界顶级酒庄指南

法国波尔多
顶级酒庄赏鉴

[英]詹姆斯·劳瑟 (James Lawther)　著

上海科学技术出版社

图书在版编目 (CIP) 数据

法国波尔多顶级酒庄赏鉴 /（英）劳瑟 (Lawther，J.) 著；乐乐译 .
—上海：上海科学技术出版社，2014.3
（世界顶级酒庄指南）
ISBN 978-7-5478-1997-5

Ⅰ . ①法⋯　Ⅱ . ①劳⋯ ②乐⋯　Ⅲ . ①葡萄酒—文化—波尔多
Ⅳ . ① TS971

中国版本图书馆 CIP 数据核字 (2013) 第 233813 号

Original title: The Finest Wines of Bordeaux
First published in Great Britain 2010 by Aurum Press Ltd.
Copyright © 2010 Fine Wine Editions Ltd.

世界顶级酒庄指南：法国波尔多顶级酒庄赏鉴
Copyright © 2014 by Shanghai Scientific & Technical Publishers.
本书中的地理示意图为原版书所有，仅作示意，为便于查阅，均保留英文。
中文版译者：乐乐

法国波尔多顶级酒庄赏鉴
[英] 詹姆斯·劳瑟 (James Lawther) 著

上海世纪出版股份有限公司　出版
上 海 科 学 技 术 出 版 社
（上海钦州南路 71 号　邮政编码 200235）
上海世纪出版股份有限公司发行中心发行
200001　上海福建中路 193 号　www.ewen.cc
上海中华商务联合印刷有限公司印刷
开本 787×1092　1/16　印张 12　插页：4
字数：250 千字
2014 年 3 月第 1 版　2014 年 3 月第 1 次印刷
ISBN 978-7-5478-1997-5/TS ·130
定价：68.00 元

本书如有缺页、错装或坏损等严重质量问题，
请向工厂联系调换

序

极品葡萄酒与普通葡萄酒的区别不在于其包装，而在于其与品酒者之间的交流，它们挑逗并刺激着品酒者的味蕾，有时它们甚至与自己交流。

这种想法是否太离奇了呢？难道你从不与真正的、正宗的、柔和的葡萄酒交流思想吗？你只是将醒酒器再一次放下吗？你首先欣赏它的色泽，然后在笔记本上写下：随着时间的流逝，新橡木气息逐渐消逝，成熟的黑加仑味道渐渐弥漫开来，酒精强烈的气味刺激着你，仿佛你正将汽车停在海边并打开车门，你可以清晰地听到海浪的声音。葡萄酒使你的脑海中浮现出吉伦特省（Gironde）的景象，那长长的、灰色的斜坡上散落着苍白的石子。我来自拉图（Latour），让我停留在你的舌尖，我会告诉你一切：我的葡萄品种、8月我所错过的阳光以及9月直至收获时受到的酷热炙烤。我的力量渐渐耗尽，然后我成熟了，而且更为醇厚；你可以看到我的弱点，但是我的个性也前所未有的清晰。

任何有耳朵的人，请尽情倾听吧！世界上大多数的葡萄酒正如法国的卡通片那样，毫不做作。即使在歉收的年份或者酿造不善的情况下，优质葡萄酒仍能保持其形式与品质的一贯纯正。如果你认为人们给予优质葡萄酒的评价以及为之付出的金钱超出了合理范围，那是因为它们为人们设定了一个典范的标准。如果没有了典范，我们还能期待什么呢？这种期待绝对不是徒劳，它给予了我们并将继续赋予我们更多的美酒佳酿、更多的交流，以及更多足以诱惑我们的声音。

在二三十年前，葡萄酒世界还是一片仅有几座孤立山峰的平原，虽然我们竭尽全力避免，但是仍然存在裂隙，更别提深渊了。大陆的碰撞促使新的山脉形成，风化现象则使贫瘠的岩石变成肥沃的土壤。在高海拔地区种植葡萄的先驱，他们的尝试在那个时期看来是徒劳无益的，但是他们坚持下去并且积累了很多经验。就目前来看，已在全球流行开来。

即使在历史最悠久的葡萄酒产区，也不断发生着变化，并出现有关葡萄酒的新的著作。世界经典葡萄酒产区并非是那些已被发现、已有定论的地区，而是那些不断在进行调整的最佳而协调的地区。对于尽力探索土壤和技术上的每个难以捉摸的细微差别的贡献者，都应获得尊重与奖励。

波尔多正是一个原型，确切地说是一个缩影。每个葡萄收获期的到来都会在佳酿的世界中激起涟漪，甚至在其他地区中建立起声誉，这就是声望的来源。但是，波尔多也常被误解。对于远方的人来说，波尔多好像是石头中长出来的城市，而且是带有锻铁阳台的奶油色卵石。实际上，除了沙砾和石灰石外，几乎所有方面都历经了多种变革：栽培技术、葡萄品种，当然还有所有权。

1855年的分级对波尔多葡萄酒而言是一个分水岭，正如劳斯莱斯滴答作响的时钟一样。这一令人难忘的事件使它们的地位更稳固。故事讲述的是谁在酿造着当今最美的葡萄酒，在哪个地区、哪个酒庄酿造，用何种理念和技术。这个故事需要讲述并不断复述，同时持续进行修订。

休·约翰逊

前　言

关于波尔多的书一贯地聚焦于该地区的重要产业葡萄酒，本书也不例外。我们需要历史和极具法国味的词——"风土"，但我们还需要积极寻找其他方式以实现对完美的追求这一终极目标。

正如在介绍"历史、文化和市场"与"气候、土壤和葡萄品种"两部分内容中所描述的，波尔多作为一个佳酿生产地应归功于它的地理方位和历史背景，同时还受人类活动和气候土壤的影响。不论是否具备酿酒的潜能，不可否认后两个因素决定了它的风格和"性质层次"。但从那以后，它就开始呈现出高昂的价格与一贯性，而这也正是许多财团争相投资的原因。

然而，在许多情况下，选择一座好的酒庄不仅取决于它的地理位置，还要考虑该投资是否能持续带来生机。在 21 世纪，最先进的酒窖和尖端技术都是最有力的证明。但正如"葡萄栽培"部分所强调的，近几年对葡萄园影响最大的主要是资源，特别是人力资源。

我可以确信的是，筛选出的大量酒庄与种植者都是经过认真考虑的，但仍有些会引发争论。因为选择是主观的，波尔多备受瞩目，本书只是一个缩影，所以争论在所难免。请记住最近的数据（2008 年），波尔多拥有 118 900 公顷葡萄园和 9 100 个葡萄种植者，共生产 4.8 亿升或 640 万瓶葡萄酒（而前几年则少得多）。

本书前一部分描述了波尔多的一个稍显粗略的概况。后一部分描述了最好的酒庄，为了考虑该地区的大小和多样性，偶尔提及不同规模的酒庄。较小酒庄的投资（回报）水平通常与拥有特许名称的酒庄相去甚远，然而选择的标准却是一样的：风土与投资的影响以及对一致与完美的探索。

我曾参观过本书中描述的所有酒庄，虽然是在不同的时机与场合，但都在该著作撰写的那年（2009 年）。在多数情况下，我都有幸品尝到各种新、老葡萄酒。那些被称作"顶级佳酿"的都保持了原本的配方，那些我认为最值得写的是因为它有独特的品质、内在的性情或有益健康的价值。最近品尝的葡萄酒的年代都用黑体字强调出来了；早前品尝的则按正常字体呈现，且通常会说明年份和地点。

詹姆斯·劳瑟

目　录

贵族血统，新生力量，新的财富

波尔多（Bordeaux），一个被认为是世界上最大的，当然也可以说是世界上精品葡萄酒地区中最著名的地方，却也因此承受着最不公平的待遇。当我们提到波尔多时，可能首先会想到它壮观的酒庄和上等的葡萄酒。毕竟它的葡萄酒处于顶峰，而且不论酒的产地是何方，都会被羡慕和模仿。要不是因为诸如拉图（Latour）、柏图斯（Pétrus）、依奎姆（Yquem）这些已经在全世界饮酒者和酒藏家中获得图腾意义的葡萄酒名，这个地区可能将不那么讨人喜欢。它所呈现给世人的以及被世界所熟知的是一副顽固中产阶级的保守形象，是一种令人厌恶的与世隔绝和墨守成规的混搭。

然而波尔多的历史揭示了它实际上是个与狭隘毫不沾边的地区。譬如，人们常忘记，抑或至少忽视波尔多曾经是一个繁荣的港口，在 17 世纪，波尔多曾是欧洲仅次于伦敦的最重要的口岸。当时，它扮演着跨大西洋贸易以及与北欧往来的一个非常重要的枢纽角色。葡萄酒和其他大宗商品（布匹、香料、糖、咖啡、谷物和鲸油等）在这里出售，从此波尔多逐渐变成了商人和买家的一个大熔炉。许多北欧人因宗教迫害逃离了自己的国

家，在英国人与荷兰人的引领下，自由地与葡萄牙人和西班牙人混杂在这里。那时的波尔多是一个开放的、以市场为导向的、具有明确自由主义倾向的城市。

事实上，贸易一直是波尔多存在的理由，并且一直存在于其葡萄栽种发展进程中。一条通往大西洋的航道提供了贸易的平台，而葡萄酒一直作为主要出口产品之一存在。随着不断扩张的所有权，葡萄园开始成为一种投资来源。由于个人酒庄信誉的提升，人们的占有欲也在膨胀。所有权开始从农业基地转向官僚和贵族，然后到商人、银行家、企业主、外国投资者，最终转到公司。新投资周期成了它的优势，虽然经常境况不佳，但这反而成为波尔多的福音，一直延续到今天。

在 21 世纪的开启之年，著名的波尔多葡萄酒所有权的销售又开始活跃了。自 2000 年起，梅多克（Médoc）的蒙特罗斯（Montrose）、皮雄伯爵夫人拉朗德（Pichon Comtesse de Lalande）和马奎斯·阿勒斯莫·贝克尔（Marquis d'Alesme Becker）的列级酒庄几经易主。在圣埃米利永（St-Emilion），苏塔德的分级庄园和新更名的贝莱尔 - 莫南热也变更了所有权。总部设在巴黎的商业巨子、保险公司……这些都纷纷成为买家。新生力量意味着新的财富，但这不是一直存在于波尔多的方式吗？

中世纪的开端

该地区的早期历史详述了公元前 3 世纪

波尔多市的建立，建立者是来自法国北部的凯尔特部落。这个凯尔特部落似乎栽培过攀爬植物，而比图里卡（Biturica）的葡萄品种曾经被认为是解百纳（Cabernet）的先驱。公元前 1 世纪，罗马人扩大了葡萄园种植，但直到几个世纪后，也就是中世纪时，波尔多新生经济才初具规模。那时正是英法联姻引发商业贸易的开端之际。

1152 年，当未来的英国亨利二世与阿基坦（法国南部地区）的埃莉诺结婚时，扩大的加斯科尼地区、波尔多、巴约纳港口，以及后来的利布尔纳港口（建立于 1270 年）都转交给了英国人，这时联盟出现了。葡萄酒与布料跨海贸易开始发展并成熟起来，波尔多获得了免税权和其他特权。尽管商业发展缓慢，但到 14 世纪初时，波尔多葡萄酒年均出口已达到约 83 000 桶（约 7 500 万升）。

当时，波尔多在生产葡萄酒方面仍是新手。葡萄园都聚集在现在的佩萨克 - 雷奥良市中心的河边沼泽地、吉伦特河口另一边的博格和布莱耶以及两河流域。贸易缺口通过"Haut-Pays"被葡萄酒填补了，贝日拉克、卡奥尔、加亚克的运作由波尔多那些拥有优先生产权的官员掌控。酿造的葡萄酒颜色要淡，要比桃红酒和淡红酒更淡，另外结构要轻，并且这样的酒必须在腐坏前迅速消费掉。

1453 年，随着什鲁斯伯里伯爵率领的英国军队在卡狄龙战役中击败了法国国王查理七世，使得波尔多也蒙受了损失，英国对酒市场的垄断也终止了。从此波尔多与英国人的贸易也衰落了，因为英国商人转向了更新、更友好的西班牙、葡萄牙农场。在 16 世纪，波尔多酒对英国的出口跌至每年 10 000 桶（900 万升），好在荷兰、佛兰德斯、汉莎和苏格兰商人的涌入让波尔多又看到了希望。

荷兰的纵容和酒庄的诞生

16 ~ 17 世纪，虽然英国临时减少了贸易，但是荷兰在该地区发挥的作用却与日俱增。他们对蒸馏用的桶装白葡萄酒的渴望导致夏朗特、布拉伊和两海之间的葡萄园迅速扩张。甜白葡萄酒也很短缺，这导致了贝尔热拉克和索泰尔讷地区对甜白葡萄酒需求量的增长。

许多荷兰商人因此定居于波尔多，当时建造的老房子至今仍在。1620 年，贝耶曼在夏尔特龙 45 号码头的波尔多干红葡萄酒厂开了一间办公室，以保证葡萄酒销量。鹿特丹港的贝耶曼舰队轮流猎鲸，也进行香料和葡萄酒贸易，以酒桶取代鲸油桶，在荷兰、比利时、德国等地进行销售。

生产红酒的酒庄仍扎根于波尔多周边格拉夫区的沼泽和石质土区域。文献证实了私有葡萄园正是在这时初步创建的。1533 年，让·邦塔克建立了奥比昂庄园，他的弟弟阿尔诺·雷多纳克用得到的一个葡萄园 Arrejedhuys 于 1540 年建立了拉米申奥比昂庄园。大约在同一时间，费龙家族在雷奥良附近增加了家族控股，Jean-Charles de Ferron 获封庄园主。葡萄园佩普·克莱芒在 1561 年才首次采用此名，而之前追溯到 14 世纪初都一直在教堂的掌控下。

一个世纪后，让·邦塔克的后裔阿诺邦塔克三世—— 一个有权有势的人（于 1653 年被任命为波尔多首任市长），成了波尔多第一位用产地名来命名葡萄酒的生产商。这一事实在英国国王查尔斯二世 1660 年的地窖分级总账（今藏于伦敦国家档案馆）中可以查到，在作家塞缪尔·佩皮斯 1663 年的名言中也可体现："我喝了一种法国葡萄酒，叫何布莱恩（Ho Bryan），它有一种我从未尝过的独特的味道。"这是在他伦敦客栈之行后留下的。

奥比昂此后成了如今我们所知的酒庄的模板，它形成了一种不同的波尔多风格。在英国市场不断扩大的 18 世纪，后来得名的法国干红凭借优质的品质获得了比其他品种更高的需求。通过采用一些新的酿酒技术，如货架排列、亚硫酸处理、液体补给，以及更为细心的工作，奥比昂的酒色泽更深，酒体更醇，并且过夜不腐。我们虽然找不到当时所用葡萄种类的明确记录，但解百纳（Cabernet）、美乐（Merlot）、马贝克（Malbec）很可能参与其中。

由于梅多克存在大面积的沼泽，并不适合居住，人们主要靠小船经由河口到达那里，它作为生产区是后来的事了。直到 17 世纪，荷兰工程师将这里的水排干，葡萄园才开始出现。16 世纪 70 年代，Pierre de Lestonnac 撰写的参考令收购 La Mothe de Margaux 周围的土地以及后来的玛歌酒庄（Château Margaux）有了参照。拉图酒庄与拉斐特酒庄成立时间稍晚一些，但在 17 世纪中叶，相比其他酒庄，这三家从外观上已相当容易辨认。

18 世纪启蒙时期

对于波尔多来说，18 世纪是一个非常繁盛的时期。17 世纪末同法国在西印度群岛的殖民地（主要是今天的多米尼克共和国和海地）间的贸易蓬勃发展。糖、咖啡、酒和奴隶一样成了主要产品，波尔多也因此成为继南特后第二大重要港口，它同样进行着奴隶贸易，同时也经由非洲定期进行一些探索。而酒贸易地位并未下降，尤其是与北欧（德国、斯堪的纳维亚）、布列塔尼、诺曼底港以

上图：阿诺邦塔克三世（Arnaud III de Pontac），他将自己的葡萄酒以酒庄名奥比昂（Haut-Brion）命名，并在伦敦开了家酒馆来售卖

及法国北部之间的贸易。

在梅多克，种植业持续快速地增长，而私有庄园则纷纷以"精品葡萄园"来命名，新法国干红也掀起了部分浪潮。庄园主主要为身着长袍的贵族，他们出自律师和当地贵族政客，如尼古拉斯·亚历山大、世嘉侯爵这样在 18 世纪上半叶坐拥拉图、拉斐特、木桐（Mouton）、卡龙-塞居尔（Calon-Ségur）酒庄的人。

虽然英国市场在这时已经降到只占波尔多出口总量的 5% 左右，但伦敦仍是精品葡萄酒的重要交易市场。

直到 18 世纪，波尔多一直保持着有壁垒的中世纪外观，但大量涌入的财富改变了这一点。城中的主要建筑、公园和纪念碑都是在这一时期修建的，其中包括大剧场、交易所广场、海滨或码头、罗汉宫、公共花园、胜利广场，所有这些至今依然可见。

外国酒商不得不在古城外进行买卖，所

以他们会从特龙佩特酒庄（今 Esplanade des Quinconces）漂流到下游的一个滨水区。随着 18 世纪葡萄酒贸易的蓬勃发展，以建于 14 世纪的加尔都西会修道院命名的夏特隆区也成长壮大起来。夏特隆码头从此成为酒商和朝臣的必经之地，于是它有了荷兰语、英语、苏格兰语、爱尔兰语、德语和斯堪的纳维亚语的名字。政府建成了房屋、地下室、仓库，并雇佣了一小众人马从事酿造与运送酒的工作。如今，这里的建筑风格与诸如贝耶曼、席勒、巴顿、约翰斯顿这些家族名一起提醒我们这个城市光荣的过去，它们仍旧与葡萄酒贸易共沉浮。我们能够清晰地理解为什么酒商埃米尔·卡斯特加将这里归结为"是一个只容许陌生人进入的俱乐部"。

后革命的变化和黄金期

法国大革命后，教会、贵族和政界精英的土地被剥夺，庄园被拍卖。波尔多出现了一批新型所有者——金融家、商人，他们都曾获利于波尔多的商业繁荣。当然，为财富而来的外国酒商也都愿意在波尔多投资。虽然他们早已腰缠万贯，但财富并不代表一切。他们也从贸易中学到知识，所以当他们冒险尝试时，总能一蹴而就。

一个典型的后革命所有者的例子就是查尔斯·佩肖托，他是一个带有葡萄牙血统的犹太银行家，1791 年他得到了克莱蒙教皇酒庄。还有一些其他新所有者的代表，如荷兰贝耶曼公司于 1825 年购得奥比昂酒庄（于 1836 年转售给巴黎银行家 Marismas 侯爵）；苏格兰裔梅森·纳撒尼尔·约翰斯顿于 1840 年成为拉图酒庄的所有者之一，并于 1865 年成为迪克吕-宝嘉龙酒庄（Châteaux Ducru-Beaucaillou）和多扎克酒庄（Dauzac）的所有

上图：金碧辉煌的交易所广场，它是繁荣的 18 世纪以来波尔多的标志性建筑之一

者；爱尔兰巴顿家族于 1821 年购得朗哥酒庄（Château Langoa），1826 年购得雄狮庄园（Léoville estate）的一部分，这两者至今仍归其所有。

19 世纪中后期是波尔多的黄金期，这段时期见证了滚滚而来的财富以及大庄园的各种优势，尤其是梅多克这桩著名的收购。1855 年的分级验证了这种看法。佩雷尔兄弟银行家艾萨克和金融家埃米尔于 1853 年

购买了宝马酒庄（Château Palmer），这两兄弟的祖父于 1741 年逃出葡萄牙；同年，来自英国家族分支的纳撒尼尔·罗斯柴尔德男爵收购了木桐酒庄。1868 年，他们的法国表亲詹姆斯·罗斯柴尔德男爵购买了拉斐特酒庄。自此，由商人和金融家在波尔多建立的投资模式从未真正改变过。波尔多仍有众多葡萄园交易商，而勃艮第则盛产农民。尽管存在粉孢子、霉变和根瘤蚜（根瘤蚜是 1865 年出现的）的问题，但市场仍较为乐观，该地区依旧保持着相对繁荣。与北欧的传统贸

易持续加强，且在美国及南美（尤其是阿根廷）的重要性也在提高。新财富不断涌入，著名庄园仍在吸引着新买家，譬如阿尔西德-贝洛特矿产企业，它发迹于美国的种植园，于 1872 年购得了贝利酒庄（Château Haut-Bailly）；又如 1890 年购得龙船酒庄（Château Beychevelle）的银行家族阿喀琉斯·弗。

　　目前，几乎没有为圣埃米利永或波美侯（Pomerol）这两个地区提供参考的资料，但至少到 19 世纪末，在商业活动和吸引外资方面它们依旧保持了原有风貌。大革命前夕，

该地区的大部分土地都归教堂所有，革命后则被零碎地出售。因此，每块土地都很小，无论从文化上或地域上都相互疏远，由于波尔多两条主要河流的阻隔（横跨加伦河的第一座桥——皮埃尔桥，在1821年建成），它们脱离了城市的商业中心。在1910年之前甚至还没有维护利益的贸易商会。正因为这些原因，圣埃米利永和波美侯都错过了1855年的分级。然而该区之外的贸易商却一直将该地区作为比利时和法国北部的葡萄酒供应者，一直到20世纪末。

灰暗的岁月

作为一种国际化市场驱动型经济体，波尔多一直承受着周期性变化的影响。繁荣与萧条是一个可以随手拈来的用语，但没有人对20世纪初即将到来的经济萧条做好准备。葡萄根瘤蚜已经使葡萄园面积大幅度减少，让庄园主付出了沉重的代价。此后，一系列的地方、国际、政治和葡萄栽种活动让事情变得更糟。

除了少数例外，糟糕的情况一直延续到1945年。第二次世界大战、20世纪30年代的经济萧条、美国禁酒令、俄国革命以及对葡萄酒真实性和来源的信任危机（这导致1935年对原产地管理系统的革新）接踵而至。说得好听点，这就是一个衰落的市场。人们无心投资，为了渡过难关，所有者们常常与批发商签订长期合同。虽然待售的酒庄很多，但因为经济问题或者意愿不强，人们似乎并不感兴趣。为数不多的例外是奥比昂酒庄，它在1934年被美国狄龙家族（银行家）收购。

第二次世界大战后情况略有好转，但并不明显。优质葡萄酒的数量增多了，但人们

的腰包还是很紧，当1974年油价飙升时，酒市场崩溃了。批发商们只能干握着前两年高价买入的葡萄酒的股票等待时机。随后的克鲁斯丑闻加剧了这场危机，红葡萄佐餐酒被当作AOC波尔多葡萄酒欺诈出售，克鲁斯在内的一些批发商常常不知不觉地卷入到欺诈中。

在酒庄方面，20世纪50～60年代，少数独立组织利用了萧条的市场。比如批发商让·皮埃尔·莫艾丝开始在波美侯和圣埃米利永进行购买交易。从阿尔及利亚战争归来的法国殖民者（称作"pieds-noirs"）都想在这里找到他们在海外附加资产的替代品。譬如，佩兰家族获得了卡波涅斯酒庄（Château Carbonnieux），塔里家族购得了美人鱼酒庄（Château Giscours）。英国培生集团接收了一个非常破败的拉图酒庄，而当地居民安德烈和亨利·卢梭对梅多克和格拉夫的一些酒庄进行了翻新。这多少缓解了波尔多的疼痛，但财政状况并不能彻底改善，1956年的严重冰霜加重了这一困境，尤其在右岸区，大片的葡萄园遭受了重创。

1982年的那些事

关于著名的1982年份酒的描述已经不在少数，但那年确实是一个转折点。它的确是自1970年来第一批真正伟大的葡萄酒，它引领波尔多走向富裕、成熟和现代化，不管从品质上还是经济上都征服了消费者。它使葡萄酒出版社深受刺激，出版了美国评论家罗伯特·帕克的自传以及有关葡萄酒的100分评分系统的书。最重要的是，它使波尔多重返国际舞台，并为葡萄园和酿酒厂的改革和改造提供了资金。它使这台机器重新运作起来，而动力之源来自之后大量的优质年份酒

(1983，1985，1986，1988，1989，1990) 和进步的栽种和酿酒技术。

随着波尔多日渐繁荣，投资者成群结队地返回这片土地，就如同 19 世纪黄金期的场景一样。20 世纪 80 年代掀起的狂潮复兴了著名的酒庄，直到 2008 年的经济危机它们才开始略显衰退。地价的稳步抬升引发了精品酒市场的狂躁情绪。基于地价的遗产税是沉重的负担，但从《拿破仑法典》来看，一个更大的问题是与日俱增的所有权共享问题。地价上涨还引发了家庭矛盾，多个股东的边际收益往往是酒庄交易的主要原因。从长远来看，单一所有者肯定会有丰厚的回报。

由于这个原因，企业投资第一次成了市场的部分驱动力。保险公司开始发挥作用，如 AXA Millésimes（碧尚男爵酒庄、苏特罗酒庄、小村庄酒庄），GMF(龙船酒庄、博蒙特酒庄) 以及 La Mondiale（苏塔酒庄、拉曼德酒庄）。但投资者同样投资了银行（杜卡斯酒庄的顶级佳酿农业信贷银行、美尼酒庄、海内威农酒庄），养老基金（拉斯贡伯酒庄的柯罗尼资金）以及其他大型国际公司（拉格朗日酒庄的三得利酿酒厂）。

不论富商们想要多少顶级优质酒，都供过于求，例如法国巨头们和对手弗朗索瓦·皮诺特（于 1993 年收购拉图酒庄）与贝尔纳·阿尔诺（与男爵艾伯特兄弟一起于 1998 年收购了白马酒庄）。外商也通常混杂在一起，荷兰企业家埃里克·阿尔巴达·杰斯玛有过描述，分别在美人鱼酒庄（20 世纪 90 年代）、杜特酒庄（1997 年），还有位于鲁臣世家酒庄（1994 年）和卡农酒庄（1996 年）的香奈儿（法国国营但位于美国）。

其他例子还有很多，改变常在一夜之间。人们只看到吉拉尔·波斯降临圣埃米利永（蒙博斯奇酒庄、帕维亚酒庄、帕维亚 - 德西斯酒庄）；丹尼尔和弗洛伦萨·卡查德（史密斯·奥拉菲酒庄）；贝沙克 - 雷奥良的阿尔弗雷德·亚历山大·邦尼（马拉蒂克 - 拉格朗威尔酒庄）……就想知道如何尽快赚到钱。我想说的是，哪里有肥沃的土壤、正确的动机、胸有成竹的自信，成功就不远了。

仍为葡萄栽种的黄金国

20 世纪末和 21 世纪初迎来了波尔多新的黄金期。好酒（1995，1996，1998，2000，2001，2003，2005，2009）依旧存在，市场依旧活跃，不同的是，亚洲人也开始对葡萄酒感兴趣了。精品酒庄充分利用所得利润，改善了葡萄园和酿酒厂。在波尔多城中也可以找到另一种类似的情况，在商业繁盛的 18 世纪和 19 世纪，波尔多也改头换面了，翻新了建筑、安装了新电车系统，并将海滨之地恢复为城市的中心。

这会持续下去吗？自 2005 年以来，葡萄酒销量并不好（虽在本书撰写时，2009 年预计大卖）。在 2009 年，汇率并不理想，全球经济衰退已经蔓延开来，波尔多广场的交易量正在退潮。美国的情况非常恶劣，随后波尔多酒庄与地产、南部葡萄酒与烈性酒均退出市场。唯一的好消息是中国市场的贸易还比较活跃。只有时间能告诉我们，波尔多能否再次激起浪花。

可以肯定的是，对富人来说，波尔多仍然是葡萄栽种的黄金国。对土地的原始渴望，拥有杰出的法国文化和优质特酿的荣耀，满足商业计划的需要……波尔多的吸引力无穷无尽。动荡也许依旧存在，但不变的是人们对伟大酒庄的期盼。这种期盼正是这座城市永远的生命之源。

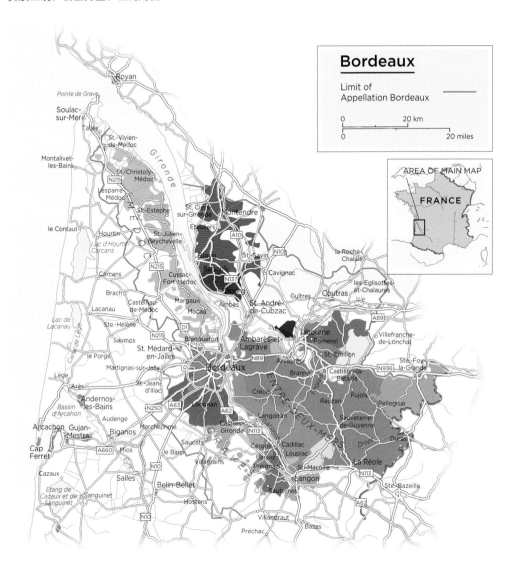

Appellations/ Sub-regions

Haut-Médoc

St-Emilion

Pomerol

St-Emilion Satellites

Fronsac and Canon-Fronsac

Côtes de Castillon

Lalande-de-Pomerol

Côtes de Francs

Blayes, Côtes de Blaye, and
Premières Côtes de Blaye

Bourg, Côtes de Bourg,
and Bourgeois

Premières Côtes de Bordeaux

Graves de Vayres

Ste-Foy-Bordeaux

Côtes de Bordeaux-St-Macaire

Pessac-Léognan

Graves

Cérons

Sauternes and Barsac

Loupiac

Ste-Croix-du-Mont

Entre-Deux-Mers

波尔多元素

倘若仅考虑气候和土壤，公平地说，波尔多并不是一个得天独厚的酿酒地。正如德高望重的杰拉尔·塞金教授（Professor Gérard Seguin）（波尔多酒学专家）在他的著作中阐述的，波尔多之所以成为佳酿产地，要归功于地理、历史和人文条件，而不仅仅是风土条件。他说："对它（波尔多）来说，气候条件并不是成为优质葡萄酒产地的保证。"

如此看来，波尔多常年气候温和，年均温度13℃——虽然在7～8月可达到20℃。由于常年多云（4～9月历时1360小时），日照时间比较均匀，而春夏的高湿度（76%）助长了真菌的繁衍。年均降水量850毫米左右，9月和10月的降水量则骤降至平均110毫米。

实际上这样的情况并不理想。边际气候（以海事、海洋或温度为标签）清晰地显示出波尔多葡萄酒的个性和风格。温和的气候成了决定性因素。它既避免葡萄过熟，又充分满足了该区葡萄品种缓慢成熟的要求。这种气候大体上形成了波尔多红酒的醇正色泽、适中的酒精度和新鲜的酸度。水果的芳香、成熟的李子味和果酱香造成了酒香的细微差别，而这又与如2003年这样的极端年份有关，还有收获晚和长期悬挂的原因。总之，气候是主导者。

葡萄酒年份的变化

波尔多多变的气候使得藤蔓的生长和酒的品质与风格都发生了很大的变化。温度常被视为主要因素，但考虑到湿度和降水量的因素，更有说服力的观点是：越是干燥的年份，产出的葡萄酒品质越高。这种观点来自波尔多大学葡萄栽种教授斯·范·莱欧文的最新研究，他同时还是白马酒庄的顾问。在通过缺水压力指数对32种波尔多葡萄酒（1974～2005年）的"水摄取"条件进行评估后，范·莱欧文指出"水摄取"是葡萄酒品质的非条件因素。干旱的年份（1990年，1995年，1998年，2000年，2001年以及最干旱的2005年）无一例外都获得了高产，而湿润的年份（1992年，1997年，2002年）就差得多。温热的年份时而丰收（1989年，1990年，2005年），时而歉收（1994年，1997年，1999年），一些凉爽的年份（1985年，1988年，1996年）也曾表现得非常不错。唯一例外的是1982年，那是个相对湿润的年份。

来自波尔多大学的专家对2008年葡萄酒的评估也支持了以上的说法。报告指出，对于"完美的红酒"，在葡萄的生长周期中有5个连续的因素：尽早开花（甚至成熟、结果），采果时限制浆果大小，转色期前停止葡萄生长，拥有确保果实成熟的大叶冠，收获期维持温和的条件以确保晚熟品种的成熟。

水平衡再次成了关键因素。前两个因素需要相对干热的春天；第三个（最主要的）因素需要干燥的7月；第四个因素需要8月适中的热量和足够的雨水，以协助进行光合作用；第五个因素则需要9～10月的高气压来避开秋天的萧瑟。这份评估认为2005年是"完美"的一年，因为各项因素都得到了满足。相比之下，2006年也"非常好"，因为只满足了前三项；2007年仅为"一般"，因为只满足了第五项；2008年满足了第三项（必须）、第四项（部分必须）和第五项，因此报告认为这一年应为"好"年而不是"优秀"年。

气候变化的影响

这个课题正或多或少被关注着，气候学家预测在21世纪波尔多地区平均气温将提高3℃～4℃。人们担心波尔多地区将失去它的平衡以及精品酒的品质，葡萄成熟期将提早，含糖量将提高，酒质也将变得平庸。

已有证据表明，温室效应已经影响到该地区酒的风格。别忘了，在 40 年前波尔多红酒几乎都因为流行性气候变得晚熟。20 世纪 80 年代后，成熟不再是个问题。毫无疑问，改善庄园情况非常重要，但天气情况更为重要。如今，自然情况下平均酒精浓度已经可以达到 13%，而过去往往要靠加糖（加到未发酵的葡萄中）来达到 12%。晚熟的品种赤霞珠（Cabernet Sauvignon）和品丽珠（Cabernet Franc）都受益于这种变化。

波尔多仍顶着灰暗的天空，天气变化已经影响到当地红葡萄种植业。人们应该采取相应措施适应晚熟的葡萄，比如使用特定的砧木和无性繁殖以减少掉叶，也许还应降低棚盖，以及提高赤霞珠的比例。建一个成熟的葡萄园乃毕生之事，故行动需趁早。

气候灾害

霜冻和冰雹是折磨波尔多的气候灾害。冬天气温很少降到极端点，那会导致葡萄藤受损（1956 年的冬季霜冻使葡萄园，尤其是右岸的葡萄园受到很大伤害）。但春冻造成的损害却屡见不鲜。最近一次是在 1991 年，有些地区是在 1994 年和 1997 年。人们在这些地区装上风力机以抵抗霜冻的侵袭，如骑士酒庄（Domaine de Chevalier），但并不普遍使用。

相比霜冻，冰雹来得更不可预知，但受损的数量和程度并不大。冰雹通常会带来严重的破坏，而逃过此劫往往只是差之毫厘的事，但时间并不好掌握。1999 年 9 月初，冰雹袭击了圣埃米利永 550 公顷的葡萄园；2009 年 5 月，一周内波尔多被冰雹风暴袭击了两次，第一次击中中南部的梅多克和玛歌一带，接着是勃格和布莱伊，第二次首先击中格拉夫，然后连续袭击两海之间、圣埃米利永和卡斯蒂永。风暴来得突然而猛烈，冰雹状如高尔夫球，大约 12 000 公顷的葡萄园被损坏，其中一些庄园痛失全部葡萄。

水体

波尔多是平坦的，并不像勃艮第。圣埃米利永的最高点也就海拔 100 米；梅多克的最高点在虞美人酒庄（Listrac），为海拔 44 米。因此，坡向和坡度平缓得多。这里最显著的是水体特征。梅多克气温受控于吉伦特河口的温度，最低温稍高于河温，而最高温略低于河温。这导致葡萄的成熟周期提早了，且靠近河口的葡萄园比 10 千米外的葡萄园成熟期提前了一周。热量也保护了庄园免受霜冻袭击。在索泰尔讷，邻近的加龙河和西龙河（小而冷）解释了为什么秋季常见的雾天能减少腐败的果实。

土壤

波尔多拥有种类繁多的土壤：黏土、砾石土、石灰岩、淤泥和沙子在这里都可以找到，并且来源于不同地质期。土壤本身并不能决定波尔多葡萄酒的风格，然而可以得出范·莱欧文所说的两条结论："某些土壤具有酿造好酒的潜质"，"通过品酒我们也知道不同土质可以产生不同的葡萄酒"。

波尔多 Faculté d'Oenologie 前首席伊夫·格洛里进行了 3 年（1992 ～ 1994 年）的

右图：波尔多依旧笼罩在阴霾的天气中，正如这里的玛歌酒庄，但气候已经有了明显的变化

试验，取同一代的美乐葡萄在不同土质中栽种，用相同方式分别进行酿造，最后检测葡萄酒。结果得出，黏土产出了深色鞣质、口感丰润的酒。相比之下，砾石土中的酒果肉丰富、口感很好。石灰岩产出的酒细腻，更酸（故新鲜）、更轻，但丰富性不减。

优质土壤可以降低葡萄藤生机和缩小浆果尺寸，以聚集色素和单宁。在这方面，土壤和气候具有协同作用，因此在潮湿的波尔多，葡萄种类丰富了起来。在生长季，土壤含水量越低，酒质就越好。

这三种不同成分的土质在水补给调节上如金字塔排列：依次是砾石土（混杂着淤泥、沙子和黏土），致密黏土和钙质土（海星石灰岩）。砾石土与梅多克紧密相关，由于多石的土质，因此排水很容易，但必要时葡萄藤也可深深扎根以保证水的摄取。致密黏土是波美侯高原的典型土壤，它具有高含水性，但面临大雨时，葡萄细小的根很容易支离破碎，从而限制了水摄取，但在旱季仍可通过缝隙获取营养。圣埃米利永的石灰岩高原是钙质土壤的代表，它的表层很薄，藤蔓根系能透过岩床，多孔石灰岩限定了岩石中水的通量，根吸水后于旱季将水分从毛细管排出。

当探讨波尔多风土时，不要忽视了人的因素。在一个气候苛刻的环境中，优质土壤和葡萄种类的选择，以及土地管理方法的选用都是关键因素。动机非常人性化：商业和贸易。

葡萄品种
葡萄藤、气候与土壤一起相互作用，共

右图："最好的酒庄见证了河流的历史。"这句古老的谚语证明了纪龙德河的价值所在

同影响着葡萄酒的品性。显然，葡萄品种影响着酒的风味和形态，土壤加深了这种差别。在波尔多，酒的风味一般通过不同种的混酿而非其中之一来体现。允许栽种的品种：红酒有美乐、赤霞珠、品丽珠、味而多、马贝克；白酒有赛美蓉、长相思和密斯卡岱。

18 世纪之前，关于波尔多葡萄品种的珍贵信息非常稀缺。

19 世纪出现了数种分级法，在有关根瘤蚜的报告中将以下红葡萄品种记录在案：马贝克、解百纳（品丽珠、赤霞珠、佳美娜）、美乐、味而多和西拉。有关出版物中同时给出了混酿的比例：

● 上梅多克和优质酒区格拉夫：一半到四分之三的赤霞珠，其余的是美乐和马贝克。

● 黎布尔涅（圣埃米利永、波美侯、弗朗萨克、卡斯蒂隆、吕萨克）：三分之一赤霞珠，三分之一美乐，三分之一马贝克。

根瘤蚜风波过后，葡萄种植大为改观，因为种植者适应了新嫁接和砧木技术，还有新商业现实。一些品种（西拉、黑品乐）消失了，还有一些（马贝克、味而多）大量减少，而佳美娜则成为配角。美乐迅速发展，在多数地区取代了马贝克；而赤霞珠扩大了占有率，尤其在梅多克地区。

如今美乐仍在壮大，但也许最大的变化是从白酒变为红酒品种。直到 20 世纪 70 年代，波尔多酒业才平均划分为白酒和红酒，如今红酒占有 89% 的土地。目前，美乐占总种植面积的 63%，而赤霞珠占 25%，品丽珠占 11%，其余红葡萄品种占 1%。白葡萄方面，赛美蓉最多，占 53%；其次是长相思，占 38%；密思卡岱占 6%，其余白葡萄品种占 3%。

红葡萄品种

美乐（Merlot） 作为波尔多栽种最广的品种，美乐已经成为该地区的灵丹妙药。它的成熟周期比赤霞珠要早（因为萌芽开花早，很容易受春冻的侵袭），并且适应各种不同的土质，早期容易生产均匀味浓的酒。美乐的糖分或酒精量往往高于赤霞珠，这就是人们担忧品种表现和气候会持续变化的原因。生长在沃土中丰润的美乐展现出了最佳的姿态（丰满而有力、颜色深厚、硕果累累）。美乐喜好黏土含量高或缝隙多的土壤（湿冷的），尤其是圣埃米利永和波美侯的土壤（柏图斯和里鹏酒庄酿造单一非混酿的美乐葡萄酒）。总的来说，黎布尔涅孕育出约 75% 的品种，但梅多克和格拉夫也在进步，在那里美乐分别占 41% 和 53%。收获期对美乐来说特别重要，因为时间比赤霞珠要短，而且如果拖延得太长，很可能面临腐烂和低酸度的后果。

赤霞珠（Cabernet Sauvignon） 作为梅多克，同时在一定程度上也是格拉夫的经典品种，赤霞珠最大限度地展示出了波尔多优质酒的所有品质：颜色、鞣质结构、新鲜度和与日俱增的混合芳香。最初梅多克的拉斐特、拉图、玛歌和莫顿使用了 90% 的赤霞珠。这种葡萄浆果小、皮厚、果肉含量高，具有出奇的高酚含量，但易感染白粉病菌等疾病。作为一种晚熟品种，它最适合温热干燥、自由排水的土壤，在波尔多这样的温带气候下，需要有利于栽种后期的条件。在未成熟时，香气类似黑加仑和其他黑色水果，但当葡萄部分成熟时，香气则可能类似青椒类的植物。

品丽珠（Cabernet Franc） 在黎布尔涅也被称作布榭，品丽珠有时会让人极度失望。它的著名的崇拜者集中在圣埃米利永和波美侯等酒庄。

品丽珠的成熟期要比美乐晚一点，但比赤霞珠早一点，想要培育成功，有特定的要求：低产率（4 000 升/公顷），良好的藤龄，在底土中加一点黏土。虽然人们对赤霞珠和美乐的商业无性繁殖株很是满意，但该地的很多专家认为品丽珠并非如此。成功的酒庄常常使用自己的植株。

味而多（Petit Verdot） 在冲击河岸的沼泽土壤中，曾经大量栽种一种传统的波尔多葡萄，它就是如今发现于梅多克边界的品种味而多。晚熟、对水平衡敏感、栽种难是它的特点。混酿中通常只加了少量的全熟味而多（最多 10%），与赤霞珠和美乐混酿。它的品性包括了颜色、单宁、酸度、辛香。它也作为一种非混合特酿生产，但很少。

马贝克（Malbec） 在根瘤蚜暴发前，黎布尔涅的普雷萨克和卡奥尔的科特也许是波尔多种植红葡萄品种最多的地区，其主要品种为马贝克。如今在美酒佳酿中已经很少使用这一品种，主要在博格和布莱耶使用，圣埃米利永和波美侯也略有使用。马贝克栽种于黏土-石灰岩土壤中，是一种早熟品种，果实硕大，易霉变腐烂。

白葡萄品种

赛美蓉（Sémillon） 作为波尔多曾经栽种最广的品种，赛美蓉依旧是该地区主要的白葡萄品种。倘若控制产率，它的黄金浆果可以产出优质干白或甜葡萄酒。其浓郁丰富，口感香醇，外观圆形，酸度适中，很适合贮存。其浆果质地使之易染灰霉病，或发生贵腐（耕种过度则发生灰腐），所以它是索泰尔讷、巴锡和其他甜葡萄酒的偏好品种。它有时单独酿造（克里蒙酒庄），但有时又常与活泼的长相思混酿。最好的干白品种位于格拉夫和佩萨克-雷奥良，且通常是混酿的，在拉威尔-奥比昂酒庄达到了 80%的比例。

长相思（Sauvignon Blanc） 这个品种活跃于两海之间，带有黄杨和百香果的芳香，易于饮用，同时还用于酿造陈酿美酒——在佩萨克-雷奥良的骑士酒庄、歌欣-卢顿酒庄和史密斯·奥拉菲酒庄。对它来说，酿造技术（桶发酵和成熟）很重要，葡萄的成熟与否也关系到质量的优劣。干白成熟期早于红酒品种，但在索泰尔讷地区产的干白成熟期有时也晚于红酒。长相思易染真菌病和灰霉病。

灰苏维浓（Sauvignon Gris） 或许是长相思的突变株，灰苏维浓出现在 20 世纪初期（记载于 1910 年 Viala and Vermorel 的葡萄品种志中），随后几乎绝种。在 1973 年的格拉夫南部栽种这种葡萄；20 世纪 80 年代末，波尔多尚布尔农业学校以该品种为基础产出了一种商业克隆品种。这种品种更为早熟，且酒体更浓，含糖量更高，芳香度稍低。目前，它作为整个地区，尤其是佩萨克-雷奥良和格拉夫干白中长相思的一种补充。

密思卡岱（Muscadelle） 拥有令人垂涎的麝香味，这是一种多产且不易栽种的品种（因为易染真菌病和灰霉病），因此在波尔多受到格外的照顾。它主要用在甜白葡萄酒中，但很少出现在顶级苏特恩白葡萄酒中。

归根法

作为一门并不华丽的学科，在谈及波尔多葡萄酒时，葡萄栽种法往往处在第二位。与其将成功归功于乏味的剪枝、架棚、脱叶工作，不如归功于现代的技术顾问或新橡木桶，这样要显得生动一些。但毋庸置疑，葡萄园的改善对 20 世纪 90 年代葡萄酒产业的发展功不可没。

改革是从 20 世纪 80 年代开始的，少数富有前瞻性的人缩减着肥料，引进绿色采收理念，降低了产率。这个点子来自金钟酒庄（Angélus）的休伯特·波雅尔（Hubert de Boüard）和柏图斯酒庄（Pétrus）的克里斯帝安·穆依克斯（Christian Moueix）。90 年代改革的进程加快了，果农们因地制宜地采纳了精细栽种法。如果说右岸的生产跨出了第一步，那么左岸紧接着就跟上了步伐，主要庄园的丰富资源使他们阔步前进。

他们将焦点放在佳酿发源地上。许多做法都只是倒退回过去，如脱叶和春耕，但最新的研究也已帮助找到了更有效的栽种方法。成本始终是一个值得考虑的因素，本章中提到的许多技术只是应用于特级酒酿的制作。值得提醒的是，想最终获得高品质，孤身奋战是不可取的，必须团结协作。

克隆和克隆研究

关于波尔多主要葡萄品种的商业克隆株的大多数工作都是在 20 世纪 60 年代进行的（由法国农业招商局和国家农艺研究所共同主导），它得到了 70 年代官方的批准。如今所用的克隆株（赤霞珠克隆 169，191 或 137，美乐克隆 181）都源自这段时期，并且从未超越它们。

虽然赤霞珠、美乐和长相思克隆株被公认为是良种，但品丽珠和赛美蓉克隆株则不然。一种新型品丽珠克隆株正在培植，由波尔多农业招商局的玛丽-凯瑟琳·杜福尔（Marie-Catherine Dufour）主导进行。该项目开始于 1999 年，并希望在 2013 年或 2014 年实现商业化。

许多酒庄已有自己的筛选株，且多半不外传。白马（Cheval Blanc）、奥索纳（Ausone）、金钟（Angélus）、嘉芙丽（Canon-la-Gaffelière）、柏菲玛凯（Pavie Macquin）酒庄的品丽珠就是个例子；而在托特维埃酒庄（Trottevieille），栽种于 1890 ～ 1895 年的一些嫁接品丽珠，自 2004 年起已经用于特殊瓶装酒中。

或许奥比昂（Haut-Brion）是独立制定最详尽克隆株计划的酒庄了。在让-伯纳德·德尔马斯（Jean-Bernard Delmas）的教导下，1970 年开启了这项研究，他们先选用 INRA（法国国家农业研究所）批准的克隆株，然后选用庄园自己的筛选株。赤霞珠、美乐和品丽珠都通过酿造技术评估，评估项目有产率、糖分、酸度、颜色、单宁，截至 20 世纪 80 年代，他们已经得到了许多重要的结论。

经鉴定，10% 的克隆株与来自奥比昂给定的品种表现一致，80% 的克隆株由于年份不同而表现各异，另外 10% 的克隆株则不尽如人意。人们猜测，克隆株的混合会给出更好的结果，于是采用如下配比重新栽种：表现一致的取三分之一，表现各异的取三分之一，官方批准的商业克隆株取三分之一。大约 40% 的奥比昂葡萄园都采用自己的筛选株，而奥比昂使命酒庄也正在靠近相同的比例。

右图：庞特卡奈酒庄（Pontet-Canet）在原生态栽种方式的运用上比其他酒庄走得都远

砧木

有证据表明，在 1869 年，波尔多种植者利奥·拉勒曼（Leo Laliman）首次提出将欧洲葡萄藤嫁接到美洲砧木上以抵御根瘤蚜（phylloxera）。直到 19 世纪末，获官方批准的 30 株砧木不断发育生长，20 世纪 70 年代法国国家农业研究所仅增添了两株。

实际上，波尔多只用了 13 株砧木，而当把质量考虑在内时，这个数目就更少了。在选用砧木时，种植者需要考虑多方面因素，包括待嫁接的葡萄品种、砧木能否适应特殊土质、效率如何、葡萄晚熟还是早熟。追求质量就意味着低活力——为了追求高收益，人们逐渐放弃曾在 20 世纪 60 年代广为使用的高活力的 SO4，还有 5BB。

目前比较受欢迎的砧木有沙燕属-格洛伊尔-蒙彼利埃（Riparia Gloire de Montpellier），420A 和 101-14。后者适用于赤霞珠，但对干燥条件敏感。420A 适用于美乐，但比较晚熟。而沙燕属则早熟一点，自 20 世纪 90 年代起，这种砧木已被用于白马酒庄。420A 目前可应对各种气候变化。如何选择对种植者来说是至关重要的，因为一旦做出了选择，砧木至少将使用一代的时间。

葡萄植株密度

法国葡萄种植者并不像新世界种植者那样，当他们需要决定植株密度的时候，他们必须遵守相关法定产区的法令，波尔多也不例外。譬如，在圣埃米利永，最小密度是 5 000 株 / 公顷，而在梅多克则为 6 500 ~ 10 000 株 / 公顷。

一个大型机构的研究证明，增加种植密度在一定限度内有助于提高葡萄质量，同时使产量减少。通过扩大叶表面积或树冠面积，

接受更多日照，可以达到优化光合作用的效果，从而提高葡萄质量；而通过加强蒸腾作用以及控制水分，可以降低活力。

唯一反对高密度种植的理由是增加成本，因为高密度意味着需要更多的人力和物力。基斯·范·莱文（Kees van Leeuwen）和让-菲利普·罗比（Jean-Philippe Roby）于 2008 年指出，密度为 3 333 株 / 公顷的葡萄地将花费 4 200 法郎 / 公顷来维护，而 5 000 株 / 公顷的葡萄地将花费 6 300 法郎 / 公顷。显然，这必须与葡萄酒售价做一个平衡。

从历史上看，梅多克精品葡萄栽种密度大多为 8 000 ~ 10 000 株 / 公顷（植株行距 1 ~ 1.2 米）。在贫瘠的土壤中（在肥沃土壤中，这种密度的藤蔓会生长得非常活跃），增

下图：19 世纪以来关于葡萄栽种的书籍反映了创新在当时的重要性

上图：在梅多克北部的一个密集种植的葡萄园中，一段古老的葡萄藤，用 *taille Bordelaise* 法修剪成图示模样

加叶表面积，每公顷产量可达到更高（可达到 5 000 升 / 公顷），而质量并未受到影响。对于葡萄栽种来说，这是一种与葡萄酒零售价之间的有趣的平衡。

圣埃米利永的植株密度通常比较低，而且 5 000 株 / 公顷的密度对于美酒佳酿来说已能足够达到。当资金和移栽允许时，他们也会提高密度。自 2000 年起，白马酒庄一直以 7 700 株 / 公顷的密度进行栽种，而奥索纳酒庄达到了 12 600 株 / 公顷，庄主阿兰·沃捷（Alain Vauthier）说："在质量和产量方面，提高奥索纳的密度是我的兴趣。无论西玛德酒庄的情况如何，我是否会保持高密度种植，将最终取决于回报是否尽如人意。"

培养和修剪

加快藤叶蔓延速度的另一个手段是增加棚高。叶冠高度和排宽的紧密协作可以将日照最大化。若指数低于 0.6（叶冠高度除以排宽），说明光合强度不够；指数大于 1 时，可适当加高叶冠，但可能会挡住邻排藤蔓的光线。总之，万事无定数，最佳结果要靠种植者来折中考虑。波尔多人一般会把棚顶加高，使叶冠长到 1.2 米的高度。

修剪形式同样由 AOC 规定管理。在梅多克和格拉夫，种植者习惯上将枝条修剪成两条相交成直角，其上分别长 3 ～ 5 个芽。外形类似双盖特式，但没有盖特法所规定的微刺。这种体系在当地被称为 taille Bordelaise，如今也被右岸的种植者所采用。其优点是葡萄分支和叶子的蔓延更均匀，同时对绿色采收或脱叶也是一个更简便的体系。

Guyot *simple* 或 Guyot *double* 都是追求质量的种植者所采用的方式。弗朗索瓦·米亚维尔（François Mitjavile）采用了圣埃米利永的泰迪罗特博酒庄（Château Tertre Roteboeuf）的生产体系，获得了卓有成效的结果。成熟枝条被修剪到了地面 20 ～ 30 厘米的高度，受益于土壤提供的热量，棚顶被加高到 1.3 米，以获得充足的叶面积和光合作用。种植园的合理密度习惯上为 5 555 株 / 公顷。

土壤管理
土壤分析或勘测是决定栽培方法的一种途径。详细的土壤类型和土地属性保证了因地制宜的管理。根据土壤分析的结果才能决定排水、砧木、葡萄品种、修剪方法、覆盖草种和堆肥方式。大多数报告都是靠挖坑取土样，然后进行实验测试得来的，但在 2006 年，爱士图尔酒庄（Château Cos d'Estournel）应用了创新的体系，该体系引自矿业勘探，被称为"测量土壤电阻率"（measurement of soil resistivity，与 GPS 相关），绘制了它在圣爱斯泰夫的 89 公顷土地。

土壤分析的出现使人们使用化肥更科学了。倘若在矿物含量方面需要做出微调，报告将建议实施；若不需要，则将土壤保持原样就好。在许多情况下，有机肥已经取代了化肥。

为了限制化肥除草剂的使用，为了使土壤透气，使葡萄根系深入土层，人们逐渐恢复了耕作。通常采用的是秋季和 3 ～ 4 月深耕的方式，将水堵起来，再在藤蔓周围松土，然后在春末和夏季浅耕。同样的，成本仍是一个关键因素，设备则是另一个重要因素。人们已经开发出一些藤下翻耕技术，包括当地制造的气动锄地机（获 2008 年波尔多国际红酒装备展创新金奖），它可以自动调节深度。

近来经常发现藤行间长出草来，尤其在右岸的葡萄园中。这样做有两个具体的好处，这些草帮助有坡的葡萄园抵御雨水侵蚀，并阻止到处蔓延的藤条。因为它能和藤蔓抢夺水分（尤其吸收夏末的雨水），并减少氮素营养。种植者可以选择留下天然草，也可以修短，甚至锄掉，尤其在干旱年份。通常的做法是让草隔行生长，每年换行，这在圣埃米利永的加农·嘉芙丽酒庄（Château Canon-la-Gaffelière）有过示范。人们已经做过草和其他作物的研究，但泰迪罗特博酒庄的弗朗索瓦·米雅维尔认为还不能下定论。"在好处被证实之前，我将不对我的小草动任何手脚，因为在过去 30 年它一直存在着。"

绿色工作
绿色工作（travail en vert）是一桩非

常不错的全年职业，它为波尔多顶级庄园的葡萄栽种做了很多精细的工作。它可被归类为大棚管理，但实际上是关于规定产率和成熟度的工作，同时它还帮助预防疾病。这项操作从熟练的修剪任务开始（12月到翌年3月）。现在波尔多的一些庄园往往将不同的修剪工作分摊给不同的人，每年更换一次，这将帮助操作员熟悉各种操作，提高工作效率。之后需要进葡萄园的时间是5～6月，这时要向枝干喷水，有些藤蔓要修剪。倘若他们在葡萄成熟期不好好工作，最后将得不到好的收成。多余的芽或双芽也可以剪掉（剪除赘芽）。

绿色采收（green-harvesting），或者说剪除葡萄枝以控制产率的做法源自20世纪80年代的波尔多，如今它已成为一个比较系统的工序，当然指的是在精品酒酿造中。这项工序要在7月做，因为此时正值葡萄开花期后、转色期前。第二次除枝可以在8月末进行，且要根据葡萄枝的尺寸来具体考虑时间。马利酒庄（Château Sociando-Mallet）是个例外，它并不执行此项操作。

7月的另一项工序是在葡萄簇周围进行脱叶处理，这项操作可以加强通风和日照，从而改善葡萄的成熟条件，并有助于预防病害。摘除的叶片通常处于向阳的一侧，但随着气候变化，8～9月可能摘除的是另一侧。同时，炙热的2003年提醒我们并不是每年都要进行脱叶处理，有时进行处理会适得其反。

葡萄园工作是一项繁重的活，因此必须有足够的人力，并且人力的价格应与酒价相关。在一个114公顷的拉斐特酒庄需要45个常年员工，显然这里的葡萄酒价让他们脸上有光。另外，在夏季还要有40个临时工辅助进行绿色采收和脱叶处理的工作。

有机肥料和病害

波尔多的潮湿天气使葡萄容易染上隐花（cryptogamic）或真菌（fungal）引起的病害。白粉病菌（oidium）（粉状霉菌，powdery mildew）和霉变（mildew）（绒毛霉菌，downy mildew）是常见的病菌，霉变曾在2007年和2008年流行过。虽然可分别用硫（白粉病菌）、铜盐（霉菌）和抗真菌喷雾剂来预防，但该地区的种植者还是十分担心，格外谨慎。当地气象站也协助定时喷洒抗真菌喷雾剂。

灰霉病（botrytis）是另一种病害。在一定条件下，它可以转变为索泰尔讷地区特色佳酿贵腐葡萄酒生产中所必需的贵腐（noble rot）。然而，它还可能转变成不利的灰腐（grey rot），导致葡萄产量、质量下降。绿色工作有助于预防这种病害，但种植者往往采用抗灰霉病喷雾的方式进行预防，喷洒时间分别为葡萄开花期后和转色期时。

埃斯卡病（esca）也很普遍，已经取代了侧弯孢菌顶枯病（eutypiose）成为该地区最致命的病害，尤其影响赤霞珠和长相思两个品种。目前虽然有应对措施，但是并不能确保一定有效，因为问题既关乎经济（由于产率下降，需要补种），又涉及品质（葡萄藤年龄缩短）。

由于境况不佳，波尔多难以进行有机葡萄栽种，商业风险也很难测。在该地注册的120 000公顷产地中，只有2 000公顷为有机产地，比例仅为2%。虽有少数庄园接受生物抗病措施（biodynamics），但它们主要是右岸的小酒庄（以面积计）。波亚克的庞特·卡尼酒庄（Château Pontet-Canet）是个例

外，该酒庄在 2004 年采用生物抗病害模式。2007 年，一次致命霉菌袭击迫使他们进行常规治疗，要想恢复到从前，只能进行转变。

然而，许多大型酒庄已经在进行有机或生物动力葡萄栽种的试验，绝大多数种植者已经接受可持续栽种的理念。他们通常采用减少喷洒频率（根据天气预报），以产出活力较低的葡萄。除此之外，他们还放弃使用除草剂，改用有机堆肥的方式来改善生态系统。譬如，他们使用小瓶装的雌激素来扰乱果实蛀虫的再生长周期，取代了杀虫剂。在佩萨克 - 雷奥良的古汉斯酒庄（Château Couhins）采用法国农科院研发的一种性别扰乱方法，该方法在 1995 年获得了官方批准。

采收：时间和方式

不言而喻，最佳成熟期是收获的最好时节。以往，根据糖分和酸度（由 pH 标定）我们就可以判断是否为收获季节了，而且这在某些时候仍是个好办法，但现在主要的指标已经变成了酚类物质或生理成熟（花青素和单宁的成熟）。酚类物质的量可以用科学方法测出，它常被果农自豪地和酒精含量一起展示在红酒期货品尝会上。IPT 代表总酚类物质含量指数。测定是一方面，尝到果肉、籽粒、果皮，并做出味觉分析后，才能给葡萄的好坏最终下定论。

要想获得高度成熟的葡萄就意味着延长葡萄悬挂时间。因此，绿色工作更为重要，因为既要应对降雨，又要在宜人的夏天寻找

收获时机。理论上，从开花期中间点开始 110 天后即为采收期。但在 2008 年，由于种植者充分利用了最后的花期，采收期延长到了 135 天。也有的延长到超过过度成熟期。根据不同气候条件，红葡萄品种的采收日期可以有 3 周的差别，从 9 月中旬到 10 月底。由于延长了悬挂时间，酒精度稍有提高，所以自 1999 年之后就再也没人采用加糖的方式了。

种植者为了同时收获不同品种和栽种地的葡萄，采收时间也被延长了。现在他们并不一直这么做，因为葡萄的收成取决于成熟度，不同地块之间可能有两三天的差距。奥比昂团队可以花 2 周时间采摘 5 公顷的白葡萄用于生产奥比昂酒和拉维尔·奥比昂酒（Laville Haut-Brion）。当然，采摘速度可以更快。当弗朗索瓦·米雅维尔觉得时机成熟时，他会通知他的 70 名采摘者，在一天内将泰迪罗特博酒庄的 5 公顷美乐采完。但在诸如拉斐特和木桐这样大型的酒庄采收则要麻烦得多，他们往往需要具有军队素养的 300 ~ 400 名采摘者（从波尔多乘大巴进入）共同作业。

机械采收是另一种可靠的方式，倘若不是精品酒，那么绝大多数采摘工作都靠人工完成。葡萄园里的工作强调对果实的柔和处理，这已成为一种困扰。在一些顶级庄园，葡萄采摘后被放进塑料篓子或木条箱内，以防擦伤或压坏。靠拖拉机来拉装着渗出果汁的拖车已成为过去。人们可以直接在葡萄藤上，甚至可以在桌子上进行葡萄分类。

左图：葡萄园中的人们从栽培葡萄到手工收割不断做出更大的努力

CHATEAU LATOUR

转化风土

人所周知，美酒佳酿产自葡萄园，葡萄的质量至关重要。但要将葡萄转变为酒还有一段过程。法国的葡萄酒工艺学研究院和其他致力于葡萄研究的机构，包括 2009 年成立的葡萄酒科学研究所，一直都在研究酿酒尖端技术，这一点从如今优质酒庄的酿造工序和设备中可以体现。酿酒工序是可控的，是否注意地窖细节常常决定了能否产出优质的酒。"我们不能只依靠风土"，宝马酒庄（Palmer）主管托马斯·迪鲁（Thomas Duroux）[以前是意大利奥那尼亚酒庄（Tenuta dell' Ornellaia）的酿酒师] 说，"技术在佳酿生产中同样扮演着重要的角色。"

筛选和处理

要保证酒的品质，过去强调葡萄的质量，现在更多集中于葡萄的运输过程。柔和处理应该成为主要的方式，小心谨慎地进行分类筛选，剔除不要的部分（叶片、茎、损坏或未成熟的浆果等）。拣选台、蠕动泵、输送带、除梗机——以上所有都属于红葡萄的分类工序。例如，在 2005 年，宝马酒庄对分类程序进行了革新，采用了一种凿孔的震动台（用来沥干水分，剔除僵化的果实）、传送带分选台（8 人参与分类）、葡萄梗去除装置（2009 年新一代产品）、二次震动台和二次分选台（14 人参与分类）。

技术上的革新从未停止。从其他农业生产中获得借鉴，人们发明了筛选精度更高的机器，也省去了许多人力。2006 年，金钟酒庄在分选链中引进了密斯脱拉台（Mistral）。最初用于筛选豌豆，这种震动台将采摘来的

葡萄通过漏斗送进管道，然后通过吹气剔除较轻的部分。

Tribaie 是一种靠特殊重力和果中糖浓度来运作的机械。先从旋转胶桶中取出叶子和茎，然后让葡萄流入已知密度的容器中，它们将分别流动起来，成熟的葡萄往一个方向下沉，稍欠成熟的则往另一个方向下沉。这个系统是圣埃米利永的种植者菲利普·巴尔代设计的，被赫许酒庄（Château Rochemorin）的安德烈·卢顿（André Lurton）家族使用。最近（2008 年）则一直被瓦兰德鲁酒庄（Château Valandraud）所使用。"Tribaie 大概能淘汰 5% ~ 10% 的未完全成熟的葡萄，改善了分选程序和葡萄质量。"酿酒师雷米·达尔玛索（Rémi Dalmasso）说道。

市场上最新的机器（有两家竞争公司）是一种光学分选系统。该系统的软件能用肉眼识别果实的大小和颜色，并吹气去除不要的部分

史密斯·奥拉菲酒庄（Château Smith Haut Lafitte）在 2008 年尝试了该系统，并于次年将其买下（雄狮酒庄和其他一些酒庄也购买了）。"这个机器检测能力比肉眼要强，一致性也比其他分选机要好。"史密斯·奥拉菲酒庄的技术总监法宾·狄特根（Fabien Tietgen）说道。

柔和处理仍用于酿酒工序中，且贯穿于发酵之前的整个流程。手动除梗是一项老技术，伯纳德·马格雷（Bernard Magrez）旗下酒庄在 2009 年重新使用了这项技术，包括帕普·克莱门特酒庄（Château Pape Clément）和金钟酒庄。后者还通过传送带向不锈钢罐运输葡萄，在此过程中出现了压碎的情况，

左图：由于科技的进步，对酿酒工序的控制较先前有了很大的加强

但情况比之前要好得多，有时甚至不出现。在理想情况下，并不使用泵，而采用依赖重力的送料体系，新修建的地窖一般都采用这种模式，如爱士图尔酒庄、马拉蒂克-拉格维尔酒庄（Château Malartic Lagravière）和富爵酒庄（Château Faugères）。作为一种现代设计，该体系看似极富独创性，但其实并非新想法，19世纪靓茨伯酒庄（Château Lynch-Bages）的博物馆揭示了这一点。费用再次扮演了重要的角色，那些不能或不愿掏腰包的庄主仍依赖于料斗、泵以及在葡萄园中精挑细选。

发酵技术

当涉及发酵和萃取时，波尔多酿酒师可以拿出一系列的技术，同时规定了所需葡萄酒的品质和风味。最先需要做的是选择发酵罐，随着葡萄园管理趋向精细化，减小桶的大小成为一种新趋势。当迪鲁（Duroux）2004年来到宝马酒庄时，他要求将2万升的不锈钢罐重铸为2个9 000升的大罐。大约在同时，高柏丽酒庄（Château Haut-Bailly）的罐数达到了30个，比原先翻了一番，其葡萄园占地33公顷。

不锈钢罐、橡木桶、水泥槽都可见于波尔多酒庄，有时甚至出现在同一酒庄中。温控系统适用于所有材质的罐体，而在萃取过程中更倾向于使用截头圆锥的形式。三者各有优缺点，但是不锈钢罐似乎更加卫生，因此也最广为使用。水泥槽主要见于右岸的庄园，它能有效保持恒定的温度。由于天然的氧化作用，橡木桶最适合于萃取过程。对于新的橡木桶，通常人们会向酒中添加一些糖，但橡木价格比较贵，且不好保养。

酒精发酵前可先进行冷浸泡（8℃~12℃）预发酵，以免受二氧化硫或干冰的氧化。有人认为这项技术的优点在于：在无酒精的情况下，可以提取葡萄的色泽和芳香。反对者则有另外的看法。

"葡萄在桶中的老化过程产生的氧化作用将夺去葡萄的香气，"顾问埃里克·布瓦瑟诺（Eric Boissenot）说，"并且还将损失单宁，使酒更涩。"

酒精发酵需要考虑的问题有：加入何种酵母，温度多少（通常范围为24℃~28℃），选取什么萃取方法（循环、压榨），浸泡多久（一般15~21天）。最后一个问题取决于所需萃取物量的多少。浓缩工序可以在发酵前对罐进行压榨，也可以使用浓缩机。精品酒的酿造过程中通常有几个循环（常常基于反渗透），酿造者们根据年份和桶形谨慎地进行操作。微氧化作用是另一种常见技术，该技术见于发酵过程中，合适剂量（homeopathic dose）的氧气有助于掩盖植物性，并稳定单宁含量。

经过发酵，除去酒渣后流出的即为成品酒。现代压榨技术（传统垂直压榨方法的翻版）比先前的方法更温和，压榨酒的品质也更高，这对混酿酒来说是一个重要的环节。宝马酒庄有200桶压榨酒，占最终混酿的10%。相比之下，高柏丽酒庄的压榨酒显得太过粗糙，不能用于精品佳酿。

装桶陈年

在拥有许可证的最先进酒庄中，苹果酸-

右图：以雄狮酒庄为例，如今老橡木桶仍旧广为使用，但需要一些有经验的老手来操作

乳酸发酵通常在新橡木桶中进行。在早期有种集成橡木，它可以使产量提高（可能是因为在桶里就会变"热"）。但研究者确信，在苹果酸 - 乳酸发酵中，无论使用的是木桶还是钢罐，差别都不大。研究者做了个实验，将苹果酸 - 乳酸发酵延迟至 6 月，结果证明的确如此。不只因为二氧化硫的添加可以防止腐化，商业压力也意味着这不太可能成为一般的举措。

在桶装陈酿方面，225 升的波尔多式大酒桶依旧是精品葡萄酒的最爱。酿酒师通常会将不同生产商的木桶混合使用，也不时地改变新橡木桶的比例。相比 20 世纪 80 年代（实际上一直到 1995 年），新橡木桶在酒庄中的使用比例已经下降了，对桶的烘烤也变少了。也就是说，所有的新橡木仍然是早期生产商（如让-吕克·图内文）的第一选择。图内文酒庄的酿酒师雷米·达尔玛索（Rémi Dalmasso）说："新桶赋予葡萄酒更浓的颜色、更香的气味、更新鲜的果肉和更大的甜度，提供额外的橡木单宁，在微生物病害方面也更安全了。"然而，每桶 600 法郎（不含税）的价格并不便宜。

桶装酒的成熟需要时不时地通入空气，氧气有助于固定酒色，去除单宁。通气还有助于澄清酒体，并赋予其风味

在波尔多，传统的催熟方法是将酒从一个桶倾倒入另一个桶中，重复进行，这样可以增加通气量，澄清酒体。这样的操作每 3 ～ 4 个月进行一次，成熟期为 16 ～ 22 个月。目前还有一个有争议的方法：在陈化过程中不进行酒的上架，而以微氧化作用代替。酒评家西蒙·布兰查德（Simon Blanchard）与葡萄酒顾问史蒂芬·德勒农古（Stéphane Derenoncourt）解释道："在优质橡木的参与下，此方法充实了葡萄酒，使它变得丰富而圆润，但该法会激发还原反应，我们将只能依靠微氧化来平衡。"

德勒农古是此法的有力倡导者，他的许多咨询公司，包括顶级生产商，都采用这种催熟方法。但其他的种植者 [包括金钟酒庄的进步思想家休伯特·柏亚德（Hubert de Boüard）和瓦兰德鲁酒庄（Château Valandraud）的让-吕克·图内文] 都持谨慎态度，仍采用经典的上架方法。"如果做法得当，上架是一种温和的方法。它让木桶得到消毒，更为卫生，且不如在酒槽中陈化那样极端。"埃里克·布瓦瑟诺说道。

一些酒庄也实施了其他的方法，他们用最小的上架量将酒置于酒槽中陈化，也许这个过程只在第一年进行一次。他们希望获得风味独特、质地丰满的酒，同时减少二氧化硫的添加量，但此过程中需要防止微生物滋生，以及挥发性酸度和酒香酵母的威胁。

澄清和过滤通常是微氧化过程的最后一道工序。在传统的波尔多酒庄中，澄清过程采用的仍然是新鲜蛋清（每桶 4 ～ 6 个），但如膨润土这样的粉末剂也投入了使用。对于精品酒，过滤通常都是清楚可见的，澄清采用的是膜过滤的方式。

混酿与分选

关于波尔多年轻葡萄酒的混酿有两种主要的流派。传统的一派认为应尽早混酿，这

左图：在玛歌酒庄，酒桶的定期上架是一项艰苦却必要的传统工序

样内含物才有充足的时间进行交融。具体做法是先品尝不同特酿的葡萄品种，接着做出选择，然后在 2 月或 3 月（首次上架）进行混酿，之后再添加压榨酒。而另一派酒学顾问米歇尔·罗兰等人则认为，应该先对压榨酒分别观察培养，直到成熟期的最后一刻再混合到一起，接着装罐。这两种观点都很有说服力，但相对于最终的葡萄酒，期酒样本的有效性显然是值得商榷的。

第二甚至第三种标签为酒庄提供了一种精品酒的分选方式。自 20 世纪 90 年代中期以来，分选方式变得越来越严格。在 2008 年，拉图酒庄只有 40% 的酒是精品酒，而小拉图（Les Forts de Latour）为 47%，波亚克则为 13%。同年，龙船酒庄（Château Beychevelle）把 55% 的原料用来生产顶级酒，而在 1982 年，这个数字达到了 96%。即便在情况最好的 2005 年，严格的程序也丝毫不怠慢。那年，奥比昂酒庄将 55 的原料投入顶级酒的生产，而雄狮酒庄只投入了 37%。他们既追求品质，也将商业化和品牌建设纳入考虑。

干白葡萄酒

那些志在酿造波尔多最佳干白葡萄酒的酒庄，他们已经查阅了索泰尔讷种植手册，并正在连续用人工采收的方式在最适宜的时节采摘葡萄。而在寒冷的夜晚和凌晨，其他一些种植者则选择机械采收的方式。对于白葡萄酒来说，过度的水分并不像红酒那样受欢迎，因为那样可能会破坏酒的香气和平衡感。充足的水分对维持新鲜度、果实与和谐是必需的，因此顶级的干白葡萄酒并不符合红酒加工工艺，2002 年与 2007 年就是最好的例子。

从理论上讲，人们集中关注用惰性气体、温度控制以及添加二氧化硫的方式来抗氧化，这三者是葡萄酒贸易中的秘密武器。目前的主流趋势是将整串葡萄进行压榨，但偶尔也采用去梗后轻轻压榨的方法，或控制条件对酒香和酒体进行表面接触，以达到压榨的目的。所用的葡萄（一般是长相思）必须是成熟且健康的。

冷沉淀要在发酵之前进行，它可以除去杂质（泥土、受损葡萄等）。波尔多干白酿造鼻祖丹尼斯·杜波殿（Denis Dubourdieu）教授认为，新橡木桶的比例正在逐渐下降，如 1987 年以前有一半的长相思在新橡木桶中发酵、陈化，到 1996 年的比重则降到 15%，而如今则为零。骑士庄园中有 35% 的葡萄酒在新橡木桶中发酵和成熟。在酒槽中成熟起来的酒常常可以增加风味，丰富质地。但有的酒庄也经常停止使用橡木桶，改用搅拌的方式来弥补不足。装罐一般在收获期 10 个月后进行。

索泰尔讷葡萄酒

索泰尔讷酒和其他甜酒的成功几乎完全归功于贵腐与葡萄品质，因此采收的精细程度显得至关重要。这一过程可以持续 3 个月或再增加 14 天左右。榨汁的品质在酒窖中进行微调。压榨的过程（使用垂直气动的压榨方式）是漫长持久的，要慢慢地增大压力，分离出三、四批果汁。最后一次压榨通常是最具芬芳，糖分最充足的，但是要达到均衡和谐的酒性，必须与其他批次的葡萄汁进行混合。具体来说，就是要将特定批次的果汁混合到最适宜的酒桶中。如在克莱蒙酒庄（Châteaux Climens）和拉芙·比雅戈酒庄（Lafaurie-Peyraguey），采用了30%的新橡木桶（70%为用了一、两年的），成熟期持续16～18个月。即使这样生产出来的酒数量骤减，也仍然要对优质酒进行筛选，筛选是通过确定副牌酒来进行的（有时占到了原料的35%～50%），或者将不好的酒售卖给酒商。

顾问和品味

随着近年来市场对传统葡萄栽种法和酿酒法的重视，波尔多葡萄酒顾问的角色也呈现出更广的层次。随着波尔多的市场趋于饱和，想要进入变得难上加难，罗兰或德勒农古商标成了有效的销售工具。顾问的名字多少提升了待售酒的价位。

酿酒研究所的学者埃米尔·佩诺（Emile Peynaud）在第二次世界大战后设定了范本，将基本酿酒原则（苹果酸–乳酸发酵、卫生管理、温度控制）清晰地传达给酒窖主管。他的方法很先进，如今被解释为经典的波尔多酿酒学，均衡、优雅、长度、结构感构成了他关于葡萄酒陈化理念的基石。他的

助手雅克·布瓦瑟诺（Jacques Boissenot）至今仍坚持这个原则。因为谨慎的性格，他和他的儿子埃里克（Eric）都避免走极端（使用成熟但不是过熟的葡萄，温和地萃取，混酿提早，谨慎使用压榨酒），而专注于酒的精妙之处。他们的顾客名单看起来更像是梅多克的名人录。米歇尔·罗兰开朗外向的性格特征反映在他所钟爱的葡萄酒风格中。他一直推崇葡萄应成熟后再采摘的论调，他认为波尔多大多数种植者都太早采摘了。这或许有些讽刺意味，但他深厚、丰富、柔软的葡萄酒的确很有说服力。这在波美侯与圣埃米利永的咨询公司随处可见，在梅多克与佩萨克–雷奥良也不罕见。

斯特凡·德勒农古不像波伊森侬特和罗兰，他并非一位酒评家，而是一个自学成才的酿酒师。他的知识源自朝夕相伴的葡萄园，他与罗兰一样，追求使葡萄晚熟的技术。诸如浸皮和酒槽陈酿的酒窖技术倾向于强调酿酒初期果实方面的工序。德勒农古的咨询公司大部分位于右岸，但他目前已将业务延伸到了梅多克和佩萨克–雷奥良。其他比较著名的顾问有丹尼斯·杜波殿（他以专长白葡萄酒方面的知识而闻名于世，而他正在扩充红葡萄酒的业务）、吉勒·波凯（受聘于白马酒庄）以及年轻一代的奥利维尔·达乌哈（Olivier Dauga）、让–菲利普·福特（Jean-Philippe Fort）和克里斯蒂安·威瑞（Christian Veyry）。

从巴黎 1855 年分级到帕克 100 分

波尔多运营着一个被称为"波尔多葡萄酒市场"（Place de Bordeaux）的独特商业体系。从组织上说，它类似于虚拟的股票交易（没有物理结构）市场，批发商从酒庄和其他批发商手里购得葡萄酒，然后售卖给世界各地的顾客。由于双方利益存在差异，这样的交易往往更依赖于信任，而非一纸合同，同时对于数以万计的葡萄酒，第三方——经纪人，扮演着交易仲裁者的身份。

这种三层系统不可避免要受到非议，尤其因为它抛弃了将酒直销给分销商的方式，而且不得不抬高酒价以挤出中介费。但事实已经证明，它能高效而迅速地将大量酒投放到市场，并且保持一定的价格弹性，尽管在经济和贸易上会出现周期性波动，也有人预测其即将消亡。

这种贸易方式的存在，很大程度上归因于该地区的历史演变和社会结构。由于法国大革命前波尔多葡萄园的扩张，尤其在格拉夫与梅多克地区，社会框架也得到了加固。葡萄园（当然指的是主流葡萄园）都是由有钱有势的人（教堂、贵族和政客）占有，而贸易则由商人主使，这些商人是来自不同地方的，并且有时只是暂时在此停留。庄园主和商人之间的关系并不稳定，因此商业繁荣的需要让经纪人找到了一线生机。一个有信心应付双方且熟悉当地风土人情的人便成了经纪人，他帮助商人找到酒源和协商报酬，使交易变得顺畅，最后从中获得佣金（一般获得每笔交易的 2%）。

当英国人在中世纪第一次到波尔多购买葡萄酒以及荷兰人购买散装白葡萄酒和强劲的红葡萄酒时，经纪人表现得异常活跃。由于出自不同产地的酒品质迥异，价格也互不相同，于是诞生了不同的酒市场——这始于

18 世纪中叶，此时个体酒庄的价值观趋于明朗。通过几代人的努力，经纪人已经成为"神庙守护者"，是价格谈判和促成交易的中间枢纽。

泰斯特–劳顿公司（Tastet & Lawton）是一个典型的例子，它是波尔多最古老的葡萄酒贸易中介机构。1739 年，23 岁的亚伯拉罕·劳顿（Abraham Lawton）从他的家乡科克（Cork）来到波尔多，成为葡萄酒经纪人和买方。他的儿子纪尧姆（Guillaume）继承父业，在 19 世纪 30 年代，他的孙子爱德华（Edouard）在如今的夏尔特隆街 60 号（60 Quai des Chartrons）建立起了泰斯特–劳顿公司。如今这个受人尊敬的公司仍然是波尔多葡萄酒市场 4 个主要中介之一，并仍在家族手中运作。在该公司的档案中，人们找到了记录在铜板上的旧台账，上面记载着购自一个特殊酒庄的酒桶数目和标价，而其买家是一位可追溯到 1806 年的指定酒商。

1855 年分级制度

在这样的背景下，著名的 1855 年葡萄酒分级制度诞生了，该制度涉及梅多克（加上奥比昂酒庄）和索泰尔讷。该区最优质的佳酿在 1855 年的巴黎世界博览会（Universal Exposition of Paris）上获邀参展，同时波尔多商会要求经纪人提供一种相应的分级方法。梅多克红葡萄酒根据酒价分成了五个等级，索泰尔讷甜白葡萄酒则分为两个等级，依奎姆酒庄排除在外，因为这个酒庄只生产顶级葡萄酒（premier cru supérieur）。

根据商会的要求，经纪人两周内就制定出了分级方法，这表明酒庄的等级制度就此诞生，但这还只是停留在书面上。正如前面提到的，私人酒庄的定价至少可以追溯到 18

上图：巴黎公司在 1855 年的世界博览会上的场景，当年梅多克分级制度正在酝酿

世纪中期，而这绝非开创分级先河之举。衡量酒质和市场实力的历史早已被创造。

事实证明，1855 年的分级制度从此坚如磐石。唯一的变化是佳得美酒庄（Château Cantemerle），在最初的名单公布后不久成了第五个顶级酒庄（被认为是由于荷兰对销售的垄断而忽略的）；以及 1973 年木桐酒庄（Château Mouton Rothschild）从二级晋升为一级酒庄，这要归功于葡萄酒的价格和罗思柴尔德男爵（Baron Philippe de Rothschild）的坚韧意志。

1855 年的分级制度仍然是该地区强有力的推动力，它的价值人尽皆知，堪比黄金。尽管关于修订与否，人们争论不休，但它依旧提供了葡萄酒定价框架，在今天的波尔多葡萄酒市场仍然适用。

后来的分级制度

从那以后，人们建立了额外的分级制度，用来对波尔多其他酒庄进行分级。在主流的酒庄中，唯一的例外就是波美侯（Pomerol），在那里并没有官方分级标准。

波尔多的酒标术语有时会迷惑人，比如特选酒（grand vin），关于它的定义并没有明确的说法，因此这个词并不一定能反映出酒的真正品质；一些特选酒（包括以上几种）的确很优秀，但并非全都如此。即便术语规范了，他们也不一定会严格落实。有些酒庄会特意采用合法的别名，比如没有具体排名的列级酒庄（cru classé），也有的会刻意摒弃自己获封的名称。通常最重要的字眼是以生产者名字命名的酒庄。

第一行：坐落在梅多克外，奥比昂酒庄是1855年分级之外的一座值得尊敬的酒庄，它的声誉和一级特等酒庄（premier grand cru classé）的称号相符。虽然玛歌酒庄也展示出了它的地位，但是1855年的拉斐特酒庄却没有。

第二行：波菲酒庄（Léoville Poyferré）欣然贴上了二级酒庄的标签，而旁边的巴顿酒庄（Léoville Barton）（同样是二级酒庄）和靓茨伯酒庄（五级酒庄）则只是标榜自己是列级酒庄或特级酒庄（grand cru classé）。

第三行：即便是杰出的波美侯产区也共享这些最不起眼的相同称谓，没有任何分类称谓。像圣埃米利永、白马这些本可以冠名一级特等酒庄A级的名庄，却都没有使用这样的称谓。而穆多特酒庄（Mondotte）甚至不申请等级，只写上了自己的品牌名。

最后一行：格拉夫经历了分级，但分得并不详细。福卡（Fourcas Hosten）欣然接受中级优质酒庄（cru bourgeois supérieur）的称谓，而马利酒庄（Sociando-Mallet）虽然也获得了相同称谓，但更愿意保留酒庄和庄主的名字。

中级酒庄（cru bourgeois） 这个术语最初是在 15 世纪末创造出来的，它被用来形容中产阶级所经营的酒庄，而非贵族的酒庄。在梅多克，这个名单逐渐变得民主化。最终的等级制度是在 1932 年由经纪人根据梅多克的中级酒庄分级制度建立起来的。

在这份名单中，444 个大小不一的酒庄被大方地收录进来，并分为三等（高等中级酒庄，中等中级酒庄，一般中级酒庄），覆盖了如今梅多克 6 个共用产地和 2 个私用产地。有人建议，在经济萧条时，应给予未被分级的酒庄一定的优待。然而，许多年后，监管力度开始下降，标准也开始失效，名单逐渐失去了控制。

终于，一个新的分级制度（有效期 10 年）在 2003 年诞生了，它是由评委会正式通过的，考虑了每个酒庄的管理和地位，并规定在一些特定年份品尝每个酒庄的佳酿。算下来，247 个酒庄（从 490 个候选酒庄中挑选出来）升序排列，依次为一般中级酒庄（151 个）、中等中级酒庄（87 个）和高等中级酒庄（9 个）。但是它并不能面面俱到，被淘汰的庄园对该组织和分级制度表达了不满。从 2008 年起，他们开始采取合法行动，希望最终能废除该分级制度，丢弃中级酒庄的标签。

2009 年，种植者工会（syndicat）也就是中级酒庄联盟建立了一种新的分级方案。他们将成立一个独立小组，在葡萄酒盲品后对具备资格的酒庄发放中级酒庄证书，年年如此。自此以后将不存在如 1932 年或 2003 年那样的固定酒庄分级制度。倘若这种分级方案能得到普遍接受，并获得官方批准，那么这种条件下的第一个佳酿年份将会是 2008 年，并且有望在 2010 年获得实施。绝望的时代需要孤注一掷的举措，对于许多酒庄来说，中级酒庄的地位是一种强制的营销援助。

格拉夫 令人惊讶的是，在 1953 年之前，这一波尔多最古老的葡萄栽种地并未获得分级。格拉夫酒的成交额在 1953 年之前低于梅多克，因此与分级失之交臂。唯一的例外是奥比昂酒庄。直到 100 年后分级制度才由经纪人委员会根据 INAO（法定产区管理局）制定出来。

经纪人考虑了定价问题以及"声名狼藉"和"品质由品尝判别"的因素。他们创建了一个特定的等级——格拉夫头等（cru classé de Graves），它的主要特征是既适用于红葡萄酒，也适用于白葡萄酒。最初，源自 12 个酒庄的 5 个白酒品种和 11 个红酒品种荣获了该称号。1959 年的一次官方修订，让 2 种红酒和 3 种白酒跻身这份榜单。总之，榜单囊括了 15 个酒庄，而在 1968 年又增加了一个，因为歌欣酒庄（Château Couhins）分裂成两个酒庄——歌欣酒庄与歌欣-卢顿酒庄（Château Couhins-Lurton）。

在 2006 年，拉图·奥比昂酒庄（Château La Tour Haut-Brion）被整合进奥比昂使命酒庄（Château La Mission Haut-Brion），但在分级上并没有改变。然而，一个小革新并不会影响秩序。譬如，史密斯·奥拉菲酒庄（Château Smith Haut Lafitte）的白葡萄酒并没有出现在 1959 年的分级中，因为当时几乎或完全没有投入生产，而丽嘉红颜容酒庄（Château Les Carmes Haut-Brion）也足以进入这份榜单，但并没有入选。有两个主要的障碍：格拉夫优质酒庄全都坐落于佩萨克-雷奥良产区（创建于 1987 年），但分级制度由格拉夫工会官方掌管着，政治方面是一个坎；

另外，倘若发生变动，将不得不面临合法抗议的威胁。

圣埃米利永　圣埃米利永的葡萄酒并未入选 1855 年的分级，因为它们当时还不受波尔多商会和经纪人的追捧。与格拉夫产区一样，它花了一个世纪的时间提议分级体制改革，直到 1955 年才获得准许。圣埃米利永葡萄酒获准 4 种称谓，分别为圣埃米利永（St-Emilion）、优等圣埃米利永（St-Emilion grand cru）、特等圣埃米利永（St-Emilion grand cru classé）和一级特等圣埃米利永（St-Emilion premier grand cru classé）。后两者的酒庄个数分别为 63 和 12。一个比较重要的创新是，此后每 10 年将对分级法进行一次修订。

1958 年的修正案让奥索纳酒庄（Châteaux Ausone）、白马酒庄晋升为一级特等酒庄（A 级），直到现在这两个酒庄仍保持这个水准。另外还有 10 个酒庄被评为一级特等酒庄（B 级）。1969 年全面修订后，先前的一级特等酒庄不变，但特等酒庄数目增加到 72 个。

原定于 1979 年关于分级制度的第三次修订由于政治改革，被推迟到 1986 年。圣埃米利永一级特等酒庄和特等酒庄的数目从 AOC 水平跌落下来，但仍然被官方承认。随着博塞留贝戈酒庄（Château Beau-Séjour Bécot）的降级，一级特等酒庄变成了 11 个，而特等酒庄也只剩 63 个。与 1855 年梅多克分级制度不同的是，圣埃米利永对新葡萄园有着更为严格的控制。由于博塞留贝戈酒庄与这样的管理规定格格不入，因而被降级。

如今，圣埃米利永的分级制度作为变革与推广的媒介，得到了来自各方的鼓励，酒的价格和品质成了专业评委会考虑的重要因素。1996年的版本做了进一步的修改，将金钟酒庄和博塞留贝戈酒庄提拔为一级特等酒庄，从而将一级特等酒庄增加为13个，而特等酒庄则降为55个。

2006年，评委会对分级制度进行了一次更为彻底的修订，柏菲马昆酒庄（Château Pavie Macquin）与卓龙梦特酒庄（Château Troplong Mondot）晋升为一级特等酒庄，从而使一级特等酒庄总数增加到15个，而特等酒庄中11个被降级，同时6个被升级，最后为46个。

然而，过度的商业制裁（土地和葡萄酒价值的损失）使降级的酒庄越来越站不住脚，于是他们发起合法行动，指控评委会的程序漏洞。之后发生了一连串的诉讼案件和法庭裁决，圣埃米利永分级制度摇摇欲坠。但在2009年，这些案件获得了妥协处理。评委会决定恢复1996年分级制，而2006年晋级的酒庄仍然保留（一级特等酒庄和特等酒庄），前者数目仍为15个，后者则为57个。这次分级包括了2011年，在这之后，一种新的分级方法将被推出，一系列规则都将得到修订。

参与者与期酒

波尔多葡萄酒市场作为国内市场运作着，参与者包括酒庄、酒商和经纪人。相比外面世界的陈旧无序，它的作用在于具有将大量的酒分销到世界各地的能力。"供需"模式对它来说再合适不过了。

波尔多70%的葡萄酒（2007年为5.7亿升）供应着三四百名酒商，余下的则由当地种植者直接售卖。大约100名酒商涉足优质葡萄酒买卖，主要有两种商品：现酒（瓶装）和期酒（en primeur）。"对于波尔多，最好的模式是售卖期酒，同时手持股票，让年份酒保持生机。"约翰·科拉萨（John Kolasa）说道。他有两重身份，分别是鲁臣世家（Rauzan-Ségla）与Ulysse Cazabonne公司的酒商。

经纪人周旋于两方之间，就瓶装酒的买卖与双方互相交锋。首先他们需要寻找酒庄，然后当场确定该酒庄中顶级酒或副牌酒数量，同时了解个体酒商的需求，最后争分夺秒地参与交易谈判。大约75%的交易和整个特级期酒市场都由经纪人运作。登记在册的经纪人大约有130名，但也仅仅对期酒市场有贡献价值。

期货或期酒制度是一种纸上交易，它允许至多在装瓶前2年内进行葡萄酒销售。它让酒庄在一个理想的世界中实现资金流转，让酒商获得可观的利润（10%~18%），同时让顾客享受到诱人的价格。贸易还评估了年轻的、未完成葡萄酒，随后在该年4月进行压榨，5~6月酒庄就可以对它们进行定价（由经纪人公布）。于是酒商便可以开盘价（prix de sortie）买入，并且不能以低于大多数酒庄规定的最低价进行出售。

在过去，尤其是在前装瓶（pre-Château-bottling）时代，酒商可以随意操控价格，经纪人也有着不可低估的地位。而自1982年以来，市场成了卖方市场，酒庄也可以发号施令了。配销体系带来了更大的负担。优质酒庄从限额体系中解放出来，一个酒庄可以将业务延伸至100个酒商。倘若在困难的年头，某酒商不接受酒庄报价，那么他将冒失去卖家的风险，或者只能在顺利的年头减少手中的份额。要想采购超额的酒，意味着酒商将有求于某个酒庄，或者将与同僚进行周旋。在这种情况下，酒价很容易攀升。

今日市场

鉴于该区拥有 9 500 名种植者，通过市场售卖期酒的酒庄显得微不足道。2005 年，约 430 家酒庄提供了期酒，其中 230 家为优质酒庄（classed growths）或同等酒庄。2008 年，数量降到了 332 家，其中 205 家为优质酒庄。当然，这并不意味着所有酒都能卖得出去。2008 年，市场上卖出了 75% 的葡萄酒（卖给酒商），而 2005 年的数据则为 93%。绝大多数酒商对股票持谨慎态度，他们更乐于购买有保证的品牌，然后顺利地卖出去。这就是说，当市场变得低时，也就意味着有库存积压的风险。2009 年时，商人们手里就堆积了 2006 年、2007 年和 2008 年的葡萄酒。

从本质上讲，波尔多市场是投机性的，而且近年来有逐渐升级的趋势。一些蓝筹股酒庄已经被确定，它们显示出了不错的前景，市场两极分化逐渐加深，购买和销售越来越集中于 50 ～ 60 家特定的酒庄—— 一个一级酒庄的非官方俱乐部（1855 年的一等特级酒庄加上奥索纳和白马酒庄），以及梅多克、佩萨克-雷奥良、圣埃米利永和波美侯的一定数量的酒庄。

波尔多的情况非常符合市场经济的供需模式。由于降低产率和提高了选择性，相比以往，如今产自顶级酒庄的优质葡萄酒变少了。如奥索纳的年产量为 1 250 ～ 1 600 箱，仅为 20 世纪 80 年代初期的一半，而拉斐特酒庄从 3 万箱降到了 2 万箱。但是，对葡萄酒的需求却在增大，来自亚洲和南美洲的富有的新客户正加入到比利时、德国、瑞士、英国和美国等传统市场中。

2009 年，精品葡萄酒交易平台——伦敦国际葡萄酒交易所（London International Vintners Exchange，Liv-ex）根据最新的酒价核算了 1855 年的分级。据 2003 ～ 2007 年的酒价，将每箱精品酒（梅多克和佩萨克-雷奥良以 2 000 箱的最低产量）的价格重新推算了一遍，60 种酒可分为 5 个价格区间：一级酒售价为每箱 2 000 法郎以上，二级为 500 ～ 2 000 法郎，三级为 300 ～ 500 法郎，四级为 250 ～ 500 法郎，五级为 200 ～ 250 法郎。

这一结果为当今市场提供了一个更为现实的观点。市场本身做了大规模调整，特别值得注意的是，奥比昂使命酒庄加入到一级酒庄的行列，靓茨伯酒庄与宝马酒庄进入了二级行列，佩萨克 - 雷奥良的另外 6 家酒庄一体化整合，1855 年最初的酒庄中 10 家退出了行列。伦敦国际葡萄酒交易所补充了一项说明，顶级酒庄的十几种副牌酒，如拉图副牌（Forts de Latour）、拉斐特副牌（Carruades de Lafite）等，本可以列入名单，将它们排除在外是为了防止问题的复杂化。

葡萄酒的定价不能完全取决于酒的品质，市场也是需要考虑的因素，这就造成了该体系的诡谲多变。1996 年份酒品质相当好，但价格却比略逊一筹的 1997 年份酒低，这是因为当时料想远东地区将会有大量的需求。酒商买下了葡萄酒，但由于亚洲金融危机，他们不得不打折贱卖，让买了期酒的顾客蒙受了损失。2007 年发生了近乎相似的一幕。鉴于 2005 年葡萄酒价创下新高，酒庄负责人对 2006 年和 2007 年充满乐观。然而，随着 2009 年经济的衰退，他们不得不将品质出众的 2008 年份酒降价出售，2006 年和 2007 年的股票也相应贬值。

影响定价高低的另一个因素是酒庄之间的竞争。在市场上，争夺地位的现象屡见不鲜，酒的价格是品牌实力的一个体现。因为竞争者的存在而降低价格的行为很少见于优质酒庄，因为这会被视为一种弱点。积极的价格政策才是一种自然的反应，才能在市场上保住地位，即使它可能违背经济学或葡萄酒逻辑。

二级市场对葡萄酒定价和品牌地位也有相当大的影响力。由于年份长和稀缺性，优质酒庄的成熟葡萄酒成了新商机，一直在增值。即便在经济衰退的 2009 年，全球葡萄酒拍卖市场依旧强势，伦敦、纽约和中国香港的几桩重磅交易，超过了本已相当高的预售估计。亚洲买家显得异常活跃，他们成了推动价格上涨的主角。2009 年 6 月在北京举办的中国首次精品葡萄酒拍卖会上，两瓶 1982 年拉斐特红葡萄酒以 10 700 美元的高价售出。要知道，这可是预计售价的 4 倍之多。

总之，某些酒庄精英集团对投资和投机相当极端，酒的价格已经超越了普通葡萄酒爱好者的接受范围，只有超级富豪或专业投资者才能涉足。2000 年启动的葡萄酒基金可以反映这种状况。不难发现，葡萄品质的变化和主流市场忽冷忽热，以及优质酒庄的减少，期酒贸易已经不如从前了。与此同时，互联网建立了酒商或种植者与消费者之间的桥梁，这或许将成为长期的解决方案，让被市场抛弃的酒庄和顾客找到新的天地。

酒评家的影响

自 20 世纪 80 年代以来，期酒市场的全球化提高了酒评家的地位。在这之前，专家的地位并不高，他们只为特定国家有限的葡萄酒爱好者提供评论。如今，酒评家的存在感提升了，说话也更多人听了。网络和现代通信让他们的评论散播到全世界。这引发了酒庄之间更激烈的竞争，他们都想通过提高品质，让好消息见诸报端，令更多顾客信服。

但是，有价值的并不只是言论。从那时起，葡萄酒鉴赏家罗伯特·帕克（Robert Parker）的葡萄酒拥护者采纳了他的 100 分计分系统，数值评分开始大行其道。葡萄酒可能会被赋予抒情性的描述，但数字对基本信息的传达更为迅速。作为一种消费主导的模式，该系统也适用于多数商人，分数可以成为一种营销援助。

还有一些在国际上受人尊敬的酒评家，如法国的米歇尔·贝塔纳（Michel Bettane）和英国的杰西丝·罗宾逊（Jancis Robinson），但要说对价格和销量有一定影响的人，不得不提到美国酒评家罗伯特·帕克，他是该领域的权威。他给的分数会对期酒的价格产生影响，并继续影响到二级市场。

然而，帕克的影响力正在慢慢消失。这千真万确，如今帕克高评分不再适用于车库葡萄酒（garage wines）的销售了。在 2008 年期酒运动中，在帕克公布各酒种分数前，许多酒庄就已经定下酒价了。尽管提前公布价格，但仍有很多人愿意围绕他的高分葡萄酒周围，显而易见，随之而来的将是价格的上涨。"帕克售卖葡萄酒"（Parker sells wine）仍旧经常被引用。

爱士图尔酒庄（Cos d'Estournel）

没有什么酒庄能像爱士图尔一样，拥有梅多克地区最耀眼的建筑——地下酒窖。一个特殊的类似于宝塔的建筑正迎接着游客们，它具有配套的滴水兽和来自桑给巴尔岛（Zanzibar）的雕刻花门。门后是同样壮观的尖端建筑，建立于 2008 年。

爱士图尔酒庄极具盛名已经有段时间了，它的成功部分是因为在酒庄持续进行的重新评估。当然，目前这座酒庄的主人米歇尔·雷比尔（Michel Reybier）和总经理让-纪尧姆·普拉特斯（Jean-Guillaume Prats）为了达到所要求的目标正持续地、不遗余力地大量投资这座酒庄。"爱士图尔酒庄总是以它的严格、创新以及乐于做某些与众不同的事情作为其特征。"普拉特斯说道。最近的葡萄产量已经把爱士图尔酒庄推向一级酒庄的行列。

爱士图尔酒庄的成功很大程度上归功于路易斯-加斯帕德·爱士图尔（Louis Gaspard d'Estournel）的想法，正是他区分了葡萄酒酿制生长环境的好坏。1811 年，他开始扩张葡萄园并且开发了这部分地产。也正是由于他对品质的坚持，改变了这座酒庄的声誉并且使它最终通向了二级酒庄的行列。可是他的努力最终化为了泡影，严重的负债问题迫使他在 1852 年把酒庄卖给了伦敦银行家马腾斯（Martyns），一年后，爱士图尔先生去世了。

在爱士图尔先生死后，这座酒庄的主人更换了许多次。巴斯克·伊拉苏（Basque Errazu）家族于 1869 年获得了这座酒庄的产权，之后，伊拉苏家族把酒庄卖给了玫瑰庄园的主人查莫鲁（Charmolues），查莫鲁在 1917 年将酒庄卖给了费尔南德·格纳斯（Fernand Ginestet）。此后，酒庄经历了一段

稳定的时期，格纳斯家族在 20 世纪的大部分时期都持有这座酒庄。格纳斯的孙子布鲁诺·普拉特斯（Bruno Prats）从 1970 年开始经营这座酒庄，直到 1998 年将其卖给梅洛（Merlaut）家族和阿根廷的投资者。普拉特斯精明的管理，尤其是对葡萄园精明的管理，为爱士图尔酒庄持续的成功奠定了基础。他的儿子让·纪尧姆在他成功地作为总经理的时候继承了爱士图尔酒庄的辉煌。在 2000 年，法国食品制造商米歇尔·雷比尔获得了这座酒庄的产权并且一直持续至今。

在古老的加斯肯（Gascon）语言中，cos 是指铺满鹅卵石的山丘，这非常形象地描绘了这片土地。一大堆第四纪砾石层上升到了一个通往南端的有溪流的沼泽低地的 20 米之处，它存储于圣艾斯塔菲（St-Estephe）产区的石灰岩基岩中。雅勒德博鲁（Jalle de Breuil）溪流分开了爱士图尔酒庄和拉菲罗斯柴尔德酒庄（Château Lafite Rosthschild）。黏土在更深的地方被发现并且在更低的山坡上是更明显的。正如最近的调查所揭示的，土壤结构中有一些其他巧妙之处。这份报告揭示了在爱士图尔酒庄的土壤中有 250 种变化，包括最近紧邻丽莲拉多斯酒庄（Château Lilian Ladouys）的土壤的延伸和 7 公顷马布泽特酒庄（Château Marbuzet）的结合，都指定成为爱士图尔副牌红葡萄酒。

细节的研究对私人土地区域的界定和管理有很大的影响。2008 年的这个结果与波尔多的普遍趋势相反，这个趋势即优质酒的比例占到了总产量的 78%。然而在 2008 年之前，这个比例是 55%。"培养方法的重新评估、更低的产量、葡萄种类和根茎的趋同使我们

右图：爱士图尔酒庄惹人注目的宝塔似的外观受到了印度文化的启发，19 世纪印度运送了酒庄许多的葡萄酒

上图：总经理让-纪尧姆·普拉特斯，在闪亮的新大桶之间，继续他家族骄傲的传统

能使用先前用于生产副牌红葡萄酒的土壤。"让-纪尧姆·普拉特斯解释道。

这个新的酒窖有 72 个锥形不锈钢水槽，体积在 1 900 ～ 11 500 升。这使得葡萄酒酿造过程井然有序且高效。这个酿酒厂的"钟声和口哨声"也是一大特色。为了阻止葡萄在去梗过程中发生氧化以及在稍后可以实行发酵前冷浸渍操作，冷却管道将葡萄温度降到 3℃。重力送料当然是必需的，但是均匀翻动这种做法一直是更进一步地被实施，它通过使用 4 个 100 升的升降槽代替传统的使用架子和回转部件的泵系统。

顶级佳酿

Château Cos d'Estournel

自 1982 年来，爱士图尔酒庄还没有真的犯过什么错。1999 年酒庄有一点偏离轨道，但是除了那次以外，葡萄酒一直处于梅多克最好的行列。它们普遍味道浓厚，其复杂度提供了更接近于波亚克（Puaillac）而不是圣爱斯泰夫的风格。最近的葡萄酒一直在改变，有更高比例的赤霞珠（2007 年和 2008 年为 85%）以及一种更浓郁、更香和更烈性的风格。Pagodes de Cos 酒桶的使用和选择一直是布鲁诺·普拉特斯讨论的重点，他在 20 世纪80 年代大量地使用笨重的烤桶，而仅仅 50% 是新橡木桶。在 20 世纪 90 年代，烘烤是更受限制的，但是新橡木桶经常达到 100%。在 21 世纪，橡木桶比例达到 80%。最后一次我有幸品尝酒庄的陈年葡萄酒是在 2003 年。令人印象深刻的葡萄酒的风格：1982 ★ 浓郁而充沛；1986 沉稳；1988 精致且直接；1990 ★ 平滑且奇异以及 1995 ★ 相当奢华但是结构紧凑。

2005 ★　强劲而浓郁。稠密，结构紧凑，渗出果汁，成品有强烈的酒精。一款非常好的值得收藏的葡萄酒。

爱士图尔酒庄概况

总面积：148 公顷
葡萄园面积：89 公顷
产量：250 000 ～ 300 000 瓶正牌酒；60 000 ～ 80 000 瓶副牌酒
地址：33180 St-Estèphe
电话：+33 5 56 73 15 50
网址：www.estournel.com

梦玫瑰酒庄（Montrose）

梦玫瑰酒庄的一切都是绿色的，当然，不是指葡萄酒，而是指令人印象深刻的酒庄环境。自从2006年获得酒庄的产权，建造业富豪马丁(Martin)和奥利维·布依格(Olivier Bouygues)已经做出了许多改变，而且许多是与环境有关的。他们重建了这里的建筑，让它们有更好的隔热。他们安装了太阳能电池板和地热能的加热泵。正如让-伯拉德·德马斯(Jean-Bernard Delmas)这位新的而且有着丰富经验的总经理所说，这是布依格集团尝试去树立一个可持续发展的榜样的一部分。

尽管有种种改变，可是这里的风土始终没有改变，它始终是梦玫瑰酒庄有着持久声誉的重要因素。在离入海口800米的沙砾山脊上，这座葡萄园有着与拉图酒庄和雄狮酒庄类似的轮廓。这里的沙砾很深，它由

大的鹅卵石以及交织着的铁沙和泥灰质黏土（12%）形成，这里的平缓坡度提供了良好的排水，同时催熟条件受到往东南方向的曝光影响，使得温度适中，这与吉伦特省类似。

在历史上，梦玫瑰酒庄很快就证明了它的价值。这座葡萄园在1815年初建立，并在1855年被评为二级酒庄。梦玫瑰酒庄的产权曾是卡龙（Calon）世家的一部分，它最初被希刚（Segur）家族拥有，而后在1778年被依泰利·西奥多·杜姆林（Etienne Theodore Dumoulin）购买，37年以后，他的儿子（依泰利·西奥多）意识到碎石灌木丛区域[这个区域以酒庄南部的伊斯卡吉恩（La Lande de l' Escargeon）的石楠花著名]的潜在价值，他开始整理这片土地并且种植葡萄。

到1825年，6公顷的葡萄园已初具规模，一个小的酒庄和一些酒窖也已建成，梦玫瑰

这个名字被清楚地注册在圣爱斯泰夫第一官方调查中。梦玫瑰这个名字可能源于遥远时代石楠花的粉红色。在 1855 年，这座酒庄包含了 96 公顷的区域，其中 50 公顷是葡萄园。在马修·多尔福斯（Mathieu Dollfus）的管理下（1866～1887 年），葡萄园进一步扩展成 70 公顷。马修·多尔福斯还在山底下建立了工人们的小屋并且建立了铁路线和栈桥以便运输装载盛酒精饮料的桶，但这些已经消失很久了。路易斯·维克托·沙墨路（Louis Victor Charmolue）在 1896 年获得了梦玫瑰酒庄的产权。这座酒庄保持着相同的主人，直到 2006 年让-路易斯·沙墨路把它卖给了布依格。

经过这些年，葡萄园一直被维护得很好，通过合植技术，替换了一些坏的葡萄藤并且葡萄藤的密度保持在 9 000 株 / 公顷。新的主人感觉一些土地需要重新种植并且一套新程序已经投入使用。葡萄园使用传统耕作的方式，并且完全废除除草剂和杀虫剂的使用。赤霞珠占葡萄园的 65%，美乐被种植在山坡脚下和酒庄周围的高原上，占到了 24%。"它有点像勃艮第，最好的红葡萄酒区域位于酒庄前的中部坡道。"德马斯解释道。葡萄酒酿造法是传统的，60% 的葡萄酒陈酿在新橡木桶中。

考虑到葡萄酒普遍的高标准，将有进一步改善的空间吗？德马斯和他的技术指导尼古拉斯·格鲁迈欧（Nicolas Glumineau）确定会如此。"在过去，相同的土地以相同的工序被系统地收获。但是，现在我们更尊重每一片土地，更深入研究它们的特性以期收获葡萄最优的成熟度，由于土质结构复杂，我们甚至区分每一片土地的边缘与中心。"德马斯说道。

顶级佳酿

Château Montrose

追溯到 1990 年，对我来说最值得纪念的品尝之一，是朋友拍卖得到的一种古老的梦玫瑰葡萄酒。1970 年开始改变，尽管提供了烟熏的黑加仑气味，味道闻起来还是有一点令人厌倦。1964 年和 1959 年也出了点状况，但是 1945 年和 1947 年还是很好的，前者有着可观的深度和浓厚感。然而 1928 ★ 还是有着令人惊讶的颜色，鲜嫩的果味以及成品中的长度。1921 ★ 浓郁，有软绵绵的感觉，带给人愉悦感。像拉图酒庄一样，梦玫瑰酒庄以色深、严格制造、强烈且简朴但陈酿非常好的葡萄酒闻名。由于葡萄生产的困难，耕作过多导致的土地贫瘠以及 1983 年葡萄的虫害问题，在 20 世纪 70 年代和 80 年代初期，梦玫瑰失去了这种完美。然而，自 1986 年以来，梦玫瑰坚强的风格回来了，1986、1989 ★、1990、1996、2000 和 2003 是这几年葡萄酒获得了成熟和丰收的象征。新的管理希望葡萄的成熟度持续保持在这个水准，葡萄和单宁酸的纯度和品质也能适应这个时代。

1998 深色。味道正，有很浓的果味和严谨的余味。这是经典的梦玫瑰葡萄酒，没有过度的成熟。毫无疑问，它可以很好地保藏。

2008 尽管只品尝了桶中葡萄酒，但依然明显感觉到了葡萄酒的风格。在初期有很少的黑加仑味，但是色深，有充分的果味并且浓郁，有圆滑的单宁味。有很好的余味。

右图：让—伯纳德·德马斯，他在奥比昂酒庄获得的经验和专业性有助于更清楚地定义梦玫瑰葡萄酒

梦玫瑰酒庄概况

总面积：100 公顷
葡萄园面积：70 公顷
平均产量：220 000 瓶正牌酒；80 000 瓶副牌酒
地址：33180 St-Estèphe
电话：+33 5 56 59 30 12
网址：www.chateau-montrose.com

拉斐特酒庄（Lafite Rothschild）

拉斐特酒庄的由来已久，其声誉是不容忽视的。毕竟这是在 1855 年分级时一级酒庄清单中顶尖的代表，并且它保持酒窖始终有美酒，这甚至可以追溯到 1855 年之前。葡萄酒的风格已经很少改变，总是伴随着优雅。风土是最主要的因素，酒庄一贯坚持的传统有助于保持这里的优秀风土环境。

拉斐特酒庄位于波亚克的北界线上，雅勒德博鲁溪流将它和远方的圣爱斯泰夫酒庄分开。抬头就能看见爱士图尔酒庄的塔式酒窖。这是最大的一级酒庄，葡萄园在 D_2 路的北方，沿着这条路一路向西，能抵达多哈米隆酒庄（Duhart-Milon）的土地。在一棵低垂的柳树的庇护下，是看起来平凡的酒庄和花园。

葡萄园中有 3 个核心区域。面积在 50 公顷以上最重要的是酒庄后的高原。这片土地平稳地上升到 27 米，形成一个斐特（*fite*），斐特是梅多克许多有关小丘单词中的一个，它是拉斐特名字的起源。这个小丘的西南方是卡许阿德（Carruades）高原，它被木桐·罗斯柴尔德酒庄（Château Mouton Rothschild）分享。拉斐特酒庄的副牌酒根据这个小丘命名，但是这里的水果往往注定是为了制造优质酒而生的。跨过圣爱斯泰夫的边界，有一个 45 公顷名叫拉凯尔拉瓦（La Caillava）的区域，历史上它一直属于拉斐特酒庄。

这片土地的分布是多种多样的（北、南、西南），但通过土壤分布图的展示表明，这 3 个区域都有一个共同点：土壤普遍具有很多的碎石。这意味着它们有超过 50% 的碎石，只有有限数量的黏土，其深度可超过 4 米，在泥灰层、更深的石灰层或圣爱斯泰夫石灰层之上。在这些区域中，赤霞珠是主要种植的品种，在卡许阿德酒庄有两块优质的种植美

上图：拉斐特酒庄，在 1855 年排名第一的酒庄，由于亚洲地区的需要再次拥有最高的价格

乐的地块。土壤和石灰岩基层的贫瘠、分布的变化、离江河入海口的距离（与拉图酒庄比较）都有助于解释拉斐特酒庄生产葡萄酒的方式与风格。

1868 年，詹姆斯·罗斯柴尔德男爵（James de Rothschild）购买了这座酒庄的产权。过去 140 年，罗斯柴尔德家族一直延续着酒庄的传统。在 1670 ~ 1784 年，拉斐特酒庄一直被有影响力的希刚家族所掌

拉斐特酒庄的由来已久，其声誉是不容忽视的。风土是最主要的因素，酒庄一贯坚持的传统有助于保持这里的优秀风土环境。酒庄酿造的葡萄酒，其风格已经很少改变，总是伴随着优雅

管。在18世纪初，尼古拉斯·希刚（Nicolas de Segur）和他的儿子尼古拉斯-亚历山德雷（Nicolas-Alexandre）继承了酒庄的产权。在大革命时期，酒庄被没收作为国有财产然后变卖。拉斐特酒庄在被罗斯柴尔德的法国分支获得之前，通过拍卖几次易主。现在酒庄拥有几个家族股东，但自1974年起，一直是埃里克·罗斯柴尔德男爵（Eric de Rothschild）监督着这座酒庄的管理。

1994年以来，技术指导一直是查尔斯爵士（Charles Chevallier）。在索泰尔讷（Sauternes）的莱斯酒庄（Château Rieussee）（罗斯柴尔德家族监管的另一个地产）9年的管理经验，他深知优秀的葡萄栽培管理（尤其是土地和收获准确度的管理）的重要性。可是这不是暗示低的产量，因为这个酒庄平均产量相当丰厚，为5 000升/公顷。"我很高兴葡萄栽培和葡萄园能很好地被管理，但是我也想要葡萄藤自然地生长。"爵士说道。也就是说，优质酒的选择已经变得越发严峻，近来优质酒大约是产量的 40%。

丰收当然是一个关键的时期，并且当最优的成熟度达到的时候，酒庄将加紧快速地收获。超过 450 人在这个时期参与收获，这意味着拉斐特和杜哈米龙酒庄（Duhart-Milon）能在两天内收获完。这些葡萄在葡萄园的桌子上分类，然后在木制和不锈钢酒槽中酿造。"我们遵从好的葡萄将制造好的葡萄酒以及酒窖的主人负责保证它们的潜力这个规则。"爵士说道。

大部分现代葡萄酒酿造法一直在尝试和完善。需要强调的是，相对于促进桶中的苹果酸 - 乳酸发酵，更受关注的是压榨机中葡萄酒（15%~17% 的混合物）的品质和重要性。拉斐特酒庄是第一批使用浓缩器（现在很少使用）的酒庄之一，除此之外，酒庄是相当缺乏机械设备的。然而，一组新的地下酒槽计划于 2010 年投入使用，并且我们不能忘记令人震惊的里卡多·波菲（Ricardo Bofill）设计的环形酒窖，它于 1988 年完成。

顶级佳酿

Château Lafite Rothschild

优雅和纤细以及陈酿的能力是拉斐特酒庄的特征。酒窖生产葡萄酒要追溯到 1797 年（最老的瓶装葡萄酒）。在 20 世纪 60 ~ 70 年代中期，酒庄很少有杰出的表现，但是之后酒庄一直被称赞。自 1995 年以来，葡萄酒已经在重量和结构以及葡萄的纯度和质地上取得收获。酒庄自然是以赤霞珠为主（占混酿葡萄酒的 81% ~ 89%），其余的有美乐，时常含有一点味而多（2005 年为 0.5%）。葡萄酒在由酒庄制桶工厂提供的 100% 的新橡木桶中陈酿，并且持续 20 个月。

1998 优雅而有活力，呈深红色。混合的香味，含有一点雪松和调味品的味道。中等酒体，味甜，成熟且浓郁，鞣质稳定，具有浓厚香味的成品，需要放置一段时间。

2001 很有魅力且容易获得。烟熏味，有雪松和一点香草味以及亲切的果味。长久、新鲜的成品。充满生气而且和谐，毫无疑问能很好地保藏。

2005 ★ 浓郁且有活力，毫无疑问能保存很长时间。纤细、优雅的感觉，葡萄酒的深度和烈性很明显。有层次的果味，也有巧克力橡木色。鞣质是稠密的，但是很精炼。能陈酿很久的成品。

Carruades de Lafite

拉斐特的副牌酒，在混酿中有更大比例的美乐（40% ~ 45% 很常见），品丽珠和味而多也经常使用（分别占 3% 和 2%）。陈酿在 10% 的新橡木桶、1 年的圆桶和木制大桶的混合桶中进行。有拉斐特惯有的优雅，但是一款更柔和的葡萄酒，适合尽早饮用。它缺乏优质酒的强度和复杂度，当两种酒紧挨着品尝时，区别是很明显的。

1998 红色。带有一点烟草感觉的深深的果味。口感圆滑、爽快、新鲜。应立即饮用。

2001 ★ 我从 2010 年开始喝，有很纯的果味，口感丰富且圆滑，充满生气，具有黑加仑芳香和优秀的平衡感。

2005 不得不说卡许阿德副牌酒是需要尽早饮用的葡萄酒，虽然看起来有更多持久力。甜且成熟，有很好的果味、香草味，很稳定的鞣质结构，同时成品有点辣，但已开始停产。

右图：查尔斯爵士，自 1994 年起担任拉斐特酒庄的技术指导，正酿造配得上 1855 年排名的葡萄酒

拉斐特酒庄概况

总面积（拉斐特和杜哈米龙）：185 公顷
葡萄园面积：114 公顷
平均产量：240 000 瓶正牌酒；300 000 瓶副牌酒
地址：Le Pouyalet，33250 Pauillac
电话：+33 5 56 73 18 18
网址：www.lafite.com

拉图酒庄（Latour）

在一个晴朗的夏天，沿着 D₂ 路上的圣于连（St-Julien）葡萄园往北，就能看见拉图酒庄围着的葡萄园，这使人振奋，江河入海口刚好在它后面。葡萄酒酿造厂位于接近地面处，并且这座端庄的酒庄部分被大树遮盖，但是圆形的 17 世纪塔楼（实际是一个鸽舍）清晰可见。葡萄园本身临近溪流的北边和南边，并且临近江河入海口沼泽的东边，D₂ 路成了西部的界限。比较 1769 年葡萄酒酿造厂的地图，酒庄的轮廓经这些年没有太大改变。

这是围墙围起来的一块区域，也是拉图酒庄的中心——48 公顷的土地，专门用来生产优质葡萄酒，但这座酒庄还有其他的葡萄园。往西，临近巴特利酒庄（Château Batailley）有 2 个总共 20 公顷的小葡萄园：佩蒂特·巴特利（Petit Batailley）和皮纳达（Pinada），这里的葡萄园用来生产副牌酒，即拉图副牌酒（Les Forts de Latour）（名字起源于围墙围起来的一块土地）。小葡萄园在 19 世纪 60 年代重新种植，但是一个世纪以来一直是酒庄的一部分。另外一个小葡萄园在圣安娜（Ste-Anne）甚至更往西。还有一个 8 公顷的小葡萄园已经从艾迪可酒庄（Château Artigues）北部被购买，而且用来生产指定副牌酒，除了非常幼嫩的葡萄藤以外，自 1990 年以来，供应生产拉图第三品牌酒，即普通级的波亚克（Pauillac）。

这个地区有的葡萄藤可以追溯到 14 世纪（那时有一个原始的塔楼），而且拉图酒庄像拉斐特酒庄一样，18 世纪在富裕的希刚家族带领下发展成了葡萄园。英格兰葡萄酒的需求推动了葡萄园的扩张；到了 1759 年，它覆盖了 38 公顷的区域，并且到了 1794 年，面积已经达到了现在的 47 公顷。拉图酒庄长期

在希刚家族继承者的手中，直到 1963 年布里斯托尔（Bristol）的哈维集团（Harveys）和英国皮尔森集团（Pearson）共同收购了这座酒庄。联合利昂集团（Allied Lyons）于 1989 年将拉图酒庄的股份买下，并在 1993 年将酒庄的全部股份卖给了现在的主人，即富裕的法国商人弗朗索瓦·皮诺（Francois Pinault）。

这块葡萄园看起来是单个的起伏的地块，当然在土壤中有一些变化，正如 2000 年之后的那几年，一个非常全面的研究中所强调的那样。葡萄园的北部区域以及朱勒（Juillac）溪流南部附近的大部分区域，土壤是更厚的泥灰质黏土。美乐葡萄被种植在这里，但是很少酿造优质的葡萄酒。西南角落的微小区域是个例外，这片区域依据朱勒溪流命名。这里的葡萄藤有 80 年的藤龄并且生产达到拉图要求的平衡与浓郁的葡萄酒。

中心的心脏地带，如果能这样称呼，那它就是围绕着这座酒庄和酒窖的区域，这里的土壤主要是混杂碎石的黏土并且赤霞珠红葡萄是上等的。"当你进入酒庄的时候，两边植有绿色橡树。Chéne Vert，Gravette 和 Pièce de La Tour 代表了结构性；酒庄前方的 Sarmentier 代表了果味和快乐；而独一无二的 Piece du Château 和东边的 Socs 代表了芳香，由于这里的土壤有更多碎沙砾。所有的品种都被分开酿造和品尝，所有品种的总和不可避免地要比单一的部分更好。"从 1995 年起担任拉图酒庄的总经理费德里克·恩格勒（Frederic Engerer）解释道。

皮诺先生（Monsieur Pinault）的充足的预算支持着恩格勒对于完美的追求，这使得

右图：拉图围绕着偏僻庄园的壮观葡萄园以及具有标志意义的鸽舍

酒庄有了更好的精确度。这些土地以及它们的周边时不时地分开收获，但娇嫩的葡萄藤一直共植在葡萄园内。只有老藤葡萄被用于酿造拉图正牌酒。一种全新的重力给料式的酒窖在 2001 年建成，它提供了 66 个奢侈的不锈钢酒槽，酒槽尺寸不一，以便分开酿造这些葡萄。最后的选择是严格的，在围起来的葡萄园的某些区域甚至被降级为副牌酒，拉图副牌本身被认为是和二级酒庄一样好的。陈酿在 100% 全新的橡木桶中进行，50% 用于生产拉图副牌酒。

顶级佳酿

Château Latour

用来描绘拉图酒的形容词都有雄性的特点，包括强有力的、充满活力的、强壮的。可是依赖于不同年份的气候条件，主题可能有一些变化，2009 年 10 月推出的 3 种葡萄酒就是最好的例子。2001 年没有极端的天气，伴随着 9 月初炎热的夏天。2003 年展示了拉图酒庄应对贯穿一年的炎热和干旱的能力，而 2006 年，起初酒庄运转很好但是被 8 月和 9 月交替的雨水和炎热破坏。被围墙围着的 Enclos 葡萄园邻近河口，排水系统良好，这一直是一个缓和的因素。"你在 Enclos 葡萄园能冒更大的风险，因为卫生条件总是更好的。"恩格勒说道。成熟周期也提前了，这有助于收获期。2005 年，恩格勒在 9 月 15 日开始收获 Enclos 葡萄园的美乐葡萄，那时糖度是 13.5°。大约在巴特利酒庄西边 2 千米处，美乐已经达到 12.5°，而在离圣安娜 4 千米的地方测量的数据为 12°。赤霞珠当然是主要的品种，最近几年在混酿中的含量已经提升了，2008 年达到了最高的 94%。"拉图酒庄的赤霞珠如此引人注目，以至于美乐需要接近它的风格以便被列入其中。"恩格勒宣称。恰好在 2009 年收获期之后，我足够幸运地品尝了几种美乐葡萄酒，我能理解这种选择是多么的明智。

除了 20 世纪 80 年代中期，拉图酒庄这些年一直展现出了很明显的连续性。目前也是没有例外的，葡萄酒的品质甚至是更高的。

2001 体现了拉图酒高贵的一面。精致的、芳香的，含有矿物质。丝状质地，含有令人印象深刻的中段口感的果味。非常圆滑，有长久且新鲜的余味。

2003 与众不同的美味。浓郁，颜色不透明。闻起来饱满，浓郁，成熟，果味明显，但是也有摩卡和巧克力的特征。口感丰富，圆滑，甚至是感性的，有成熟果味。成品新鲜而且质地非常好。因为拉图酒的华丽，它已经收获了很有影响力的评论家的高分，包括罗伯特·帕克，但这不是我偏爱的风格。

2006 ★ 拉图酒的标志。色深，强有力且精确。很容易闻到矿物质的存在。口感稠密，牢固，持久，有中段口感的果味以及令人印象深刻的鞣质结构，持久的余味。有相当好的储藏潜力。

右图：费德里克·恩格勒，1995 年起担任拉图酒庄的总经理，正追求葡萄酒的完美

拉图酒庄概况

总面积：130 公顷
葡萄园面积：80 公顷
平均产量：132 000 瓶正牌酒；144 000 瓶副牌酒
地址：33250 Pauillac
电话：+33 5 56 73 19 80
网址：chateau-latour.com

木桐酒庄 （Mouton Rothschild）

关于木桐酒庄的故事已有大量文献记载，但是它比那些记载更令人神魂颠倒。对它的记述集中在菲利普·罗斯柴尔德（Philippe de Rothschild）男爵的抱负和对酒庄的开发上，他几乎独立实现了木桐酒庄的很多目标，在这之前或者之后没有谁像他这样成功经营过，那就是亲自把木桐升级为一级酒庄的地位。

这个改变发生在 1973 年。自从 1855 年酒庄分级制度建立以来，之后的 118 年，木桐酒庄一直被定为二级酒庄。正如可预期的那样，伟大的时刻总以某种方式被纪念：毕加索（Picasso）那年被指定去制作葡萄酒的标签，并且在酒标上印着：曾经是二级酒庄，现在是一级酒庄，木桐品质从不曾改变（*Premier je suis，second je fus，Mouton ne change*）。

菲利普早在 20 世纪 20 年代初就接管了酒庄，那时他刚刚 20 岁。在他的家族接手酒庄 70 年以前，纳撒尼尔·罗斯柴尔德男爵（Baron Nathaniel de Rothschild）购置了布兰·木桐园（Brane-Mouton），1853 年时，人们才知道它是这个家族的英国分支。庄园的名字迅速被改变，1870 年，纳撒尼尔男爵的儿子詹姆斯继承了这个庄园并且建立了酒庄。

菲利普的一系列成就展示了他始终走在时代前面。1924 年，他将酒庄的葡萄酒用瓶灌装，在那之后它变成了波尔多地区必不可少的工序。1926 年，一个 100 米长的新的大桶酒窖的投资见证了令人震惊的品牌酒窖的完成。酒庄的营销很精明，例如，从 1945 年起，菲利普开始给葡萄酒贴上一系列艺术家设计的标签，这些标签已经包括世界最伟大的画家的一些作品。

菲利普也是葡萄酒旅游业的先锋，也许葡萄酒旅游业如今很热门，但是当他在 1962

上图：精心修剪的树篱与通往酒窖的小径展示了木桐酒庄精心塑造的形象

年开放艺术中心、葡萄酒博物馆和其他部分木桐酒庄供人们参观的时候，这很少见。自从他 1988 年去世后，木桐酒庄已经被他的女儿菲律宾（Philippine）同样富有想象力地经营着。

现在木桐酒庄的实力如那时一样，这在于其风土条件相对均一的本质。这个葡萄园的中心位于著名的大高原（Grand Plateau）上，它与拉斐特酒庄的某些葡萄园相邻并且刚好位于葡萄园酿酒厂的西侧。这里的土壤深部是沙砾并且向南暴露。在这片土地缓慢地上升到卡许阿德高原上时，有一个轻微的倾斜，

它连接着拉斐特酒庄并且也有生产优质葡萄酒的资源。

2003 年以来，酒庄的技术指导菲利普·达鲁温（Philippe Dhalluin）告诉我，持续地品尝能表明来自两个高原上的葡萄酒都优于来自斜坡上的葡萄酒。因此，斜坡上的土地被用于生产副牌酒，小木桐副牌酒（Le Petit Mouton）1993 年被推出。

赤霞珠是主要的品种，达 80% 之多，混酿中的比例甚至更高。此外，还有美乐（12%）和品丽珠（8%）。从 2006 年开始，后者已经从优质葡萄酒中除去。达鲁温说，葡萄园的平均年龄高达 50 年，并且有 15 ~ 20 公顷

的葡萄园达到 70 年。更年轻的葡萄藤共植在这些区域中，在 2004 年，酒庄做出分开收获它们的决定。

自从达鲁温从班尼尔酒庄（Château Branaire-Ducru）来到这里后，其他元素的微调已经被引进。这些微调不是通过改变思考的方式而是通过引进更多的深度和精致来实现的，为了在这个最具竞争的领域里，赶上其他一级酒庄的步伐。例如，收获葡萄以一块区域紧挨着另一块区域的方式进行，每一块区域都带着更高的精确度。一个带着新的木质大桶（计划于 2011 年投入使用）的酒窖将使得这个过程更进一步。为了软化萃取过

程并且提供更纯的单宁，发酵的温度已经被降低到 28℃~29℃。2000 年以来，新的烤橡木桶（100%）投入使用——这是由达鲁温的前任帕特里克·利昂（Patrick Leon）提出的方法。

最重要的是，针对优质葡萄酒甚至是副牌酒的选取已经变得更加严格了。20 世纪 80~90 年代，木桐正牌酒生产的比例持续接近 80%，有时甚至更高（1982 年和 1989年达到了 91%），2000 年是 85%，与 2008年的数据比较：木桐正牌酒的比例是 54%，小木桐副牌酒为 25%，剩余的酒卖给公司的批发商。而在 2005 年，优质葡萄酒仅为64%。这是自 2004 年以来一直存在的趋势，并且看起来会持续下去，葡萄酒明显因日趋严格的选取而赢得了声誉。

木桐酒庄也制造微小数量奢华昂贵的白葡萄酒武当王庄园白（Aile d'Argent）（每年1 万瓶）。这由酒庄 3 块分开的区域生产，这3 块区域总共 45 公顷并在 20 世纪 80 年代被种植。赛美蓉是葡萄园里主要的品种（57%），长相思以 42% 的比例紧随其后，剩下的是一点密思卡岱。

顶级佳酿

Château Mouton Rothschild

木桐酒庄一直是波亚克一级酒庄中最具有活力的，它的奇特、骄奢的本质与拉斐特酒庄的精致和拉图酒庄的冷酷形成鲜明对比。然而，它很明显还是波亚克风格，颜色、力度和矿物味很好地被展示，它的陈酿能力没有被破坏。2002 年，我品尝了 1961 ★，对葡萄酒的刚性和年轻感到惊讶，虽然这是独一无二的一年，霜冻使得产量缩减为 1 600 升／公顷。

左图：菲利普·达鲁温，木桐酒庄的技术指导，因追随美酒而远离了杰出的博物馆

我同样品尝了 1982 ★，这款酒饱满，丰厚，香味浓郁；1983 与之相比，柔软、新鲜且更值得保藏。1989 看起来严谨、含鞣质，而 1990 则相反：奢华而且也许熟透了，它看起来比实际年龄大。1996 ★沉稳，有黑加仑味，还要很长的陈酿期。

21 世纪的葡萄酒有更大的纯度和精确度，橡木元素不再明显，但是依然有助于增加葡萄酒的复杂性和芳香。酒杯架很明显被放置得更高。我在2009 年 9 月品尝了新款葡萄酒，在品尝前需要醒酒 2 次，总共 4 小时。

1986 ★ 这种葡萄酒总是有难以置信的声誉，现在我知道为什么会这样了。饱满、浓郁、有美感，它极具纪念意义，尽管储存达 20 年，但是很少变质。深红色，仅仅在酒器边缘有一点砖色。一种高贵的酒香——芳香，成分复杂，混合着调味剂、矿物质、黑加仑和烟草的气味。味道成熟且稠密，伴随着难以置信的红色质地。几乎是顶级之上，除了边缘的一点残留物，似矿物的新鲜感，还有许多鞣质。[由伯纳德·塞如内（Bernard Sejourne）设计的酒标]

1995 华丽而奇特的，但是也许在深部有新鲜的感觉。深红色。明显有雪松的芳香味，经过一段时间，酒杯中留有叶子的香味。口感饱满、醒目且阳刚，似乎比闻起来的感觉更好。还有强劲的几乎强壮的单宁酸结构，有薄荷香余味。[由安托尼·塔皮埃斯（Antoni Tapies）设计的酒标]

2005 ★ 很奢华的葡萄酒。强有力的，但是同时和谐且有精细的结构。芳香十足并且有典型的木桐风格，伴随着奇特的香味。味觉饱满、成熟，被完美地酿造。余味新鲜且有矿物味，含有单宁酸，持久、强劲而且很纯。[由朱塞佩·潘农诺（Giusepe Penone）设计的酒标]

木桐酒庄概况

总面积：85 公顷
葡萄园面积：85 公顷
平均产量：170 000 瓶正牌酒；100 000 瓶副牌酒
地址：33250 Pauillac
电话：+33 5 56 73 21 29
网址：www.bphr.com

碧尚男爵酒庄（Pichon-Longueville）

碧尚男爵酒庄曾经是大碧尚家族的一部分，但是在约瑟夫·碧尚 - 朗格维尔（Joseph Pichon-Longueville）于 1850 年死后，它被分裂成了两部分。一部分变成了著名的碧尚女爵酒庄，剩余的五分之二（28 公顷）的葡萄园继承给了碧尚—朗格维尔的儿子豪尔（Raoul）并且变成了我们现在所知的碧尚-朗格维尔酒庄或者经常所说的碧尚男爵酒庄的基础。豪尔建造了如今波尔多地区最与众不同的一个有着童话般塔楼的酒庄，它位于波亚克的南部边缘并且在我们视线之外的是最近的投资——2007 年建成的大桶酒窖。

这个酒庄的现代历史要追溯到 1987 年，这一年碧尚男爵酒庄被 AXA Millésimes 购置，这是一个法国保险公司的葡萄栽培投资部门。先前的主人已经使得酒庄走向衰落（由于缺乏投资以及没有直接的控制），并且它在 20 世纪 60 ~ 80 年代一直没发挥应有的潜能。AXA 团队的总经理让—米歇尔·凯泽斯（Jean-Michel Cazes）和酿酒师丹尼尔·路斯（Daniel Llose）马上转变了方向，对葡萄园采用新的投资方式和更严格的筛选，这造就了辉煌的 1988 年、1989 年和 1990 年的葡萄酒。

20 世纪 90 年代是酒庄的发展和巩固期。更多的土地被并购和种植，但是崭新的和某些有争议的葡萄酒酿造厂在 1991 年建成是改变的象征。一个由法裔美国人组成的建筑师团队——让·德·加斯蒂内斯（Jean de Gastines）和帕特里克·迪龙（Patrick Dillon）构思了这种设计，这种设计有一个环形酒窖，它有一个中心圆顶和柱脚，伴随着一个相邻

右图：碧尚男爵童话般的酒庄多年来一直在太阳的照耀下，无论怎么称赞这里的葡萄酒都不为过

碧尚男爵葡萄酒是典型的波亚克风格：饱满、强劲、朴素和持久。酒的色泽很深，有浓郁的果味，有令人印象深刻的相当好的陈酿潜力

的大桶酒窖和灌瓶作业线。它在技术上是有效率的且大部分在地下。它是动态的，有着非常现代的外观，人们对这种外观的评价褒贬不一。

2000 年，凯泽斯退休了，同时他把 AXA 对于葡萄酒投资的管理包括碧尚男爵酒庄一并传给了思维敏捷的英国人克里斯汀·希利（Christian Seely）。从那时起，对于优质葡萄酒的生产已经退回到葡萄园历史上的核心区域。这是酒庄的轧制区，它恰好与 D₂ 路另一端的拉图酒庄相对，占大约整个土地面积的60%。这些土壤深处是沙砾的，且许多葡萄酒有 50～60 年的陈酿期。移植株被用于代替任何减产的或者零产量的葡萄藤。"我们的持续品尝确保最好的葡萄酒来自这个地方。"希利佩戴着他标志性的黑色蝴蝶结友善但是机敏地宣称。

这座酒庄的现代历史真正要从 1987 年追溯起，这一年碧尚男爵酒庄被 AXA Millésimes 收购

尽管现代技术正在闪闪发光，但这里的葡萄酒酿造还是相当传统的。近来更加强调分片区域的管理模式，一切都为了探索更科学的葡萄酒酿造法。为了完成酿造任务，更多更小的桶已经在 2005 年后被引进。酿酒师让-雷内·马蒂尼翁（Jean-Rene Matignon）自 1987 年以来一直在碧尚男爵酒庄工作，为了适应每一个单块的区域，他调整了葡萄酒的生产过程。葡萄酒陈酿在 80% 的新橡木桶中持续了 18 个月。新桶酒窖装有温控设备并且允许桶在单一的水平被重置。与酒窖的设计相反，这个结构中没有柱子且仅有一个宽的拱门。

顶级佳酿

Château Pichon-Longueville

碧尚男爵葡萄酒是典型的波亚克风格：饱满、强劲、朴素且持久。深色，浓郁的果味，令人印象深刻的是有一种结构预示着其具有相当好的陈酿潜力。葡萄园种植了 65% 的赤霞珠，但是通常在混酿中超过 70%，剩余的是美乐。存在的小部分品丽珠已经被挖掉，一些味而多最近已经被种植。向历史葡萄园的回归（作为优质葡萄酒的专有来源）并且更严格的筛选过程已经意味着葡萄酒产量的下降。克里斯坦·希利提及在 20 世纪 90 年代，产量将超过每年 300 000 瓶——事实也的确如此，现在产量大约是 4 000 升/公顷（2008 年 3 600 升/公顷）。新世纪的葡萄酒一直保持高品质，副牌酒 Les Tourelles de Longueville 有超过 50% 的美乐。最主要的是，它被种植在圣安娜葡萄园的另一边，位于巴特利西部更远的地方。它口感更圆滑，也更纤弱。

2004 深色且牢固，有很明显的黑加仑芳香。相比于 2005 或者 2006，口感上有更少的稠密和活力，但是葡萄酒还是坚固和持续陈酿的。

2005 闻起来很稠密、很纯。味觉上强劲且无缺陷，有很明显的深度和长度。

2006 ★ 被赋予某种高贵的古典风格。口感上很纯且牢固，酸性导致了新鲜感和长度。这使我想起了 1996 年产的葡萄酒。长久陈酿且品质上接近 2005 年产的葡萄酒——所以有很好的价值。

右图：克里斯坦·希利，他对于品质的贡献已经使得碧尚男爵酒庄很有历史影响的葡萄园因为生产出优质酒而吸引了更大的注意

碧尚男爵酒庄概况

总面积：88 公顷
葡萄园面积：72 公顷
平均产量：200 000 瓶正牌酒；150 000 瓶副牌酒
地址：33250 Pauillac
电话：+33 5 56 73 17 17
网址：www.pichonlongueville.com

靓茨伯酒庄（Lynch-Bages）

在1939 年，让-查尔斯·凯泽斯（Jean-Charles Cazes）正式购买了靓茨伯酒庄。由他的儿子安德烈（Andre）继续管理，然后是孙子让-米歇尔接管，2006 年起，由他的曾孙且与他同名的让-查尔斯接管。靓茨伯酒庄的成功是与凯泽斯家族几代人的努力分不开的。曾经评为低等的五级酒庄，由于它的品质和声誉现在已经被提升为二级酒庄。

巴日（Bages）这个名字与地理上的巴日高原有关。但是正如靓茨主管所暗示的，这个地方曾经有爱尔兰的风格。1740 年，托马斯·靓茨（Thomas Lynch）（他的父亲在 17 世纪晚期已经到达了波尔多）与这片土地的嗣女伊丽莎白·卓纳德（Elizabeth Drouillard）结婚。这座酒庄由靓茨家族拥有并且保持到 1824 年。酒庄主人之后发生了几次变更，直到让-查尔斯·凯泽斯来到这里，于 1934 年成为靓茨伯酒庄的经理，5 年后成了这座酒庄的主人。

凯泽斯已经拥有在圣爱斯泰夫的奥得比斯酒庄（Les Ormes de Pez），他重新种植且改善了这里的葡萄园，同时通过许多优质的战后尤其是 20 世纪 50 年代的葡萄酒提高了靓茨伯的声誉。"他冒险且等待更久为了收获尽可能得多。"他的孙子让-米歇尔·凯泽斯说道。安德烈·凯泽斯于 1966 年接管了酒庄的经营并且进一步发展了酒庄，但是他作为保险经纪人，同时也是波亚克市长的身份占据了他许多的时间，因此在 1972 年，已经在巴黎生活和工作了 20 年的他的儿子让-米歇尔被说服参与酒庄生意。

从 1974 年开始，让-米歇尔·凯泽斯有效地经营这座酒庄，往后的日子，他的妹妹西尔维亚（Sylvie）也提供了帮助。投资的资金是有限的，但是他开始建设现代化葡萄酒酿造厂并且重组了葡萄园。他也雇佣了一个耀眼的年轻的酿酒师丹尼尔·路斯，帮助确保葡萄酒的风格且改善了品质。为了严格对优质酒的选择，Haut-Bages Averous 这种副牌酒被推出（名字在 2008 年被改为回声靓茨伯）。这种改变和改善以 20 世纪 80 年代一连串优秀的葡萄酒的出现得以圆满完成。从那时起，靓茨伯酒庄一直被称颂。

构成靓茨伯酒庄历史核心的葡萄园的两个主要区域处于 Bages 和 Monferan 高原上。两者都有经典的贡兹期沙砾土壤。前者围绕着酒庄且在 20 世纪 80 年代经历了一个重新种植的过程；后者位于西部更远的、通向巴特利酒庄的道路两旁。这里有一些珍贵的藤龄达 80 年的葡萄藤，还有一些目前正在被翻耕和重新种植的土地。在翠陶酒庄（Château Trintaudon）更南的地方，在波亚克边界上，葡萄园的另一个区域也提供水果酿成优质的葡萄酒。这里的土壤由好的碎石组成且葡萄在 20 世纪 60 年代被种植。

自从让-查尔斯·凯泽斯于 2006 年接管了整个酒庄的经营，葡萄园一直是被关注的焦点。与重新种植的议程一起，土壤的研究也已经开始，并且选出最健康的味而多和赤霞珠葡萄藤的项目也已经启动。单个的土地现在已经用一种更精心选择的方式收获，而且通过更早的收获，白葡萄酒林卓贝斯（Blanc de Lynch-Bages）（每年 36 000 瓶）的风格已经被改变以便提供附加的新鲜感。"靓茨伯酒庄像是一艘大海上航行的油轮，它的航线需要时常纠正。"让-查尔斯·凯泽斯说道。在一个宏大的范围里，

右图：让-米歇尔·凯泽斯和儿子让-查尔斯，继续世代相袭的传统直到第四代

他正在思考接下来的几年建造一个新酒窖的可能性。

顶级佳酿

Château Lynch-Bages

长度和强度很明显，但是靓茨伯酒庄一直因它的饱满和丰富的果味而被欣赏。赤霞珠是主要的种类，占葡萄园种植的 73%，而且产量是可观的。陈酿过程在 70% ~ 80% 的新橡木桶中持续多达 16 个月。正如伦敦精品葡萄酒商斯蒂芬·布洛维特（Stephen Browett）所说："靓茨伯酒庄比葡萄酒更强，因为我知道它绝不会让我失望。"以下是可供选择的品尝过的型号。

1959 ★　新鲜而高贵的风格，果味和酸味还是明显的。口感丝滑，复杂，持久。

1966 ★　强有力的葡萄酒。深色，酒瓶边缘有一点砖色。依旧成熟，饱满，芳香。红醋栗，矿物质和烘烤味。甜甜的中段口感。

1970 ★　强有力但是平衡的。口感饱满而且成熟，具有充满活力的果味和坚实的余味。可以陈酿。

1982　深色。口感浓郁，味甜，丰富并且圆滑。典型的波亚克风格，但是含有靓茨伯的果味和奢华。

1988　芳香，很深的果味和烟草味。口感牢固且相当充实。

1989 ★　浓郁的果香，也有力度和复杂度。非常持久且口感能保持。

1990 ★　深色。口感饱满，丰满而且有浓郁的香味。令人愉快的平衡感。美味，而且可以陈酿。

1993　有叶子味和烟草味，而且能令人惊奇地陈酿很久。充满生气，新鲜，口感很平衡。

1994　口感牢固，长久且有一点点朴素，有单宁的余味。

1996 ★　能嗅到果味且很诱人，口感甜，圆滑，饱满。酸味补充着余味的平衡感。

1999 ★　纯正，醇美可口，芳香，奶油味，令人愉快的橡木味，浓厚饱满的果味。应立即饮用。

2000 ★　香甜，有烟味和奇特的气味。浓郁的果味。口感持久且活泼，本身味道很好。

2001　类似于 2000 年的葡萄酒，但是有更直接的吸引力。

2004　有令人喜爱的果味深度和持久的、令人愉快的余味，可观的、中等酒体的葡萄酒。

2005 ★　口感浓郁，持久，牢固。强有力但有纯净的单宁味。色泽莹润。很明显能长久保存。

2006　口感牢固且强烈的葡萄酒，酸度增加了长度和圆滑感。

左图：Bages 村庄广场旁的一个新商店，凯泽斯家族正在逐渐重新建造

靓茨伯酒庄概况

总面积：105 公顷
葡萄园面积：97 公顷
平均产量：420 000 瓶正牌酒；200 000 瓶副牌酒
地址：33250 Pauillac
电话：+33 5 56 73 24 00
网址：www.lynchbages.com

碧尚女爵酒庄（Pichon Comtesse de Lalande）

当柔赞（Rouzand）家族于 2007 年购买了碧尚女爵酒庄时，大部分观察者顺利地接受了这个看起来对于所有人来说都合理的决定。毕竟，作为路易王妃香槟（Roederer Champagne）的主人，柔赞家族已经证明他们致力于酿造最高等级的葡萄酒，而且这个宏伟的老酒庄已经确信将传给好的管理者。尽管如此，这个新闻不是没有悲哀声。这次并购标志着这座酒庄非常与众不同的时代 [由先前具有坚毅个性的主人梅–依丽莲（May-Eliane）主导的时期] 的结束。自 20 世纪 70 年代以来，碧尚女爵酒庄能够如普遍了解的那样始终保持着很好的声誉，很大程度上由于梅–依丽莲的辛勤和奉献。

美乐占栽培葡萄的 35%，这给了葡萄酒多汁的魅力和高雅、柔软、光滑的本质。它们也可以更早地收获

正如我在前文所写的那样，碧尚酒庄在 1850 年被分离，一部分给了庄主的儿子，剩下的五分之三（包括 42 公顷的葡萄园）给了 3 个女儿。两个酒庄起初作为一个产权被管理，但是在 1860 年豪尔死后，他的妹妹维吉妮（Virginie）女伯爵决定去分开运营姐姐们的部分，最终获得了所有的份额。这座酒庄早在 1840 年就被建成。

碧尚女爵酒庄在相同的家族管理下直到 1926 年，它被卖给了爱德华（Edouard）和路易斯·米埃勒（Louis Miailhe）——波尔多商界有名的人物。爱德华的女儿梅–依丽莲在 1978 年继承了酒庄的产权，而且在作为一名军官妻子流浪地生活了很多年之后，她最终定居在波尔多经营这家酒庄。在兰切萨（Lencquesaing）的监督下，两座装备不锈钢酒槽的酒窖被建造，原有的大桶酒窖被扩建以及 1986 年第二个酒窖被建造。她也带来了目前的葡萄酒制造者托马斯·多弛南姆以及经理吉尔达斯·迪奥朗，同时通过作为一个不知疲倦的大使环游世界，重新开始了漫游式的生活，正如她作为军官新娘所过的生活一样。

酒庄和酒窖位于 D_2 路的河海入口处，D_2 路通向波亚克的北部，而且从景观阳台可以看到壮观的拉图酒庄和旁边的河海入口。很容易设想属于碧尚女爵酒庄的葡萄园的环境，但是情况不是这样：几乎所有的土地都被拉图酒庄拥有。事实上葡萄园位于 D_2 路的另一边，大约 65 公顷的核心区域在碧尚女爵酒庄的西部和南部。这包括位于圣于连的 11 公顷区域，而且这块区域历史上一直隶属于碧尚女爵酒庄。

另一个 12 公顷的区域位于圣安娜西部更远处，紧邻巴特利酒庄。这片土地在 20 世纪 80 年代被重新种植，并且已经是这座酒庄的一部分。然而，这些葡萄很少酿造优质的葡萄酒。北部更远处，临近圣索沃尔（St-Sauveur），是波亚克的另一个 9 公顷的区域，是 1997 年明星酒庄贝纳多特（Bernadotte）购置的一部分。它已经被并购为碧尚女爵酒庄的一部分，而且此处的葡萄常常能酿造出顶级的葡萄酒。

目前很难分辨柔赞家族是否已经针对这座酒庄做了有重要意义的改变。我能确信的是，对这座葡萄园的注意力已经转变，而对土壤的研究已经开始。排水系统也得到检查，而且职员的数量和工作小时数也增加了，以用于绿化工作和土壤的管理。正如迪奥朗所说："柔赞不想摇晃这只船，但是已经表示他们将提供改善的方法。"

碧尚女爵酒庄（Pichon Comtesse de Lalande）

上图：碧尚女爵酒庄古典的建筑体现了葡萄酒的优雅与和谐

顶级佳酿

Château Pichon Longueville Comtesse de Lalande

碧尚女爵的风格一直与混酿酒中高比例的美乐有关。米埃勒兄弟非常喜欢这个品种，在 20 世纪 20 ~ 30 年代大量种植它。现在葡萄园最老的土地种植于 1939 年，并且美乐总共占了葡萄园植株的 35%。正是这给了葡萄酒多汁的魅力和高贵、软绵绵的质地。它们也是很早就可以饮用，尽管这个结构需要陈酿。味而多和品丽珠（分别占葡萄园的 8% 和 12%）通常在混酿酒中，增加了颜色、新鲜感和进一步的复杂度。赤霞珠占了葡萄园植株的 45%，但是这可能会增加。自从 2000 年以来红葡萄产量已经有明显的提高（2008 年为 63%），俄全资葡萄制造者托马斯·杜驰·兰姆（Thomas Do Chi Nam）承认："现在的趋势是提高赤霞珠的产量，因为它比过去能更好地成熟。"这种特质的葡萄酒看起来是 1996 年产的葡萄酒，在混酿酒中它有 75% 的赤霞珠，所以预期未来葡萄酒会更浓郁、紧凑并且更强烈。简而言之，会有更典型的波亚克风格。葡萄酒酿造是传统的，优质酒在 50% 的新橡木桶中陈酿 18 个月。

1985 ★ 现在是美丽的。强烈芳香味，雪茄味，腐殖质味，浓郁的果味。有持久不散的新鲜感，后味干。

1996 ★ 非常典型的波亚克风格。黑加仑味，雪松和雪茄味。口感浓郁且优质。余味短暂且有新鲜感。

2001 ★ 很感性和奇异的味道，滑润，香甜，充裕，芳香。可以闻到欧亚甘草和摩卡味。可以立即饮用，但也能陈酿。

碧尚女爵酒庄概况

总面积：92 公顷
葡萄园面积：87 公顷
平均产量：230 000 瓶正牌酒；180 000 瓶副牌酒
地址：33250 Pauillac
电话：+33 5 56 59 19 40
网址：www.pichon-lalande.com

拉古斯酒庄（Grand-Puy-Lacoste）

拉古斯葡萄酒是鉴赏级的并且还有着典型的波亚克风格，奢侈且充满活力，但是平衡且沉稳，它有黑加仑、雪松、矿物质的气味，分别代表着不同类型的葡萄酒。拉古斯酒庄的主人弗朗索瓦-泽维尔·波利（Francois-Xavier Borie）避开了邻近明星酒庄的耀眼光芒和投机活动，而是生产出了历史悠久、令人非常满意的葡萄酒。

最近对酒窖一直进行投资，但是葡萄酒的本质归功于风土和优秀的葡萄园管理。在当地口语中普伊（puy）意味着小丘 [类似于科斯（cos）或者斐特（fite）]，并且拉古斯葡萄园位于河口碎石土丘内陆上的一块区域。外表上，这片陆地看起来是平的，但是 19 世纪以后酒庄的西边相当陡，向一个公园倾斜，暗示有良好的排水条件。

1978 年，宝嘉龙酒庄（Ducru-Beaucaillou）的让-欧仁·波利（Jean-Eugene Borie）收购了拉古斯酒庄；在那之后，酒庄由他的儿子弗朗索瓦-泽维尔运营；2003 年，泽维尔成为酒庄完全的主人。起初仅有 30 公顷的土地用于生产，经过一段时间后，一个附加的 25 公顷的土地投入使用。这是典型的赤霞珠村，这种葡萄占葡萄园的 75%，此外还有 5% 的品丽珠，剩余的是美乐。2009 年，葡萄藤的平均年龄是 38 年。葡萄园的许多葡萄种植在利帕里亚（Riparia）根茎上，伴随着这块土地早熟的本质有助于葡萄产量的稳定。

对葡萄酒酿造厂的投资包括 1997 年翻新的酒窖，伴随着不同尺寸的温控不锈钢酒槽的添加，2003 年新的大桶酒窖，以及 2006 年用于接收收成的系统更新（振动的分类桌等）。

葡萄酒酿造法是尽可能经典的。3 周的酒桶发酵后，流出的压榨葡萄酒（代表了最终混合物的 10% ~ 12%）仔细地被挑选出来，苹果酸 - 乳酸发酵在酒槽中完成，葡萄酒在 65% 的新橡木桶中存储 16 个月。自 1982 年以来，副牌酒拉古斯·波利（Lacoste Borie）已经存在。

顶级佳酿

Château Grand-Puy-Lacoste

这是经典的波亚克风格，它以传统的方式被酿造。那座寺庙的守卫者，布瓦瑟诺家族（父亲和儿子）现在作为酿酒顾问。

1982 ★ 1982 年产的葡萄酒相当多，高产量（6 200 升 / 公顷）优质葡萄酒的一个例子。到达充分的成熟度，有充分美味的果味和牢固的鞣质结构。

1990 成熟且感性，深色，有强烈的檀木香味和很深的果味。口感香甜且浓郁，有圆滑的鞣质。

1996 ★ 芳香且充满活力，有黑加仑和类似铅笔的味道，典型的波亚克风格。令人喜爱的新鲜感、矿物味和长度。

2003 有加仑味，暗示一年的干燥，很热的气候，但是也有矿物味。丰富的果味，伴随着强健的鞣质结构。牢固而不是精致的。

2004 更松弛的结构但是还是有长度的，黑加仑和草莓口感。充分的果味，鞣质还是有点强劲。

2005 ★ 可口和复杂的，清楚地闻到黑加仑和雪松味。口感浓郁且持久，伴随着平衡的酸度。非常完美的葡萄酒。

2006 品质接近 2005 年份酒，更少的复杂度，但是有许多可口的特点。口感强劲，鞣质很好且持久。

拉古斯酒庄概况

总面积：95 公顷
葡萄园面积：55 公顷
平均产量：185 000 瓶正牌酒；100 000 瓶副牌酒
地址：33250 Pauillac
电话：+33 5 56 59 06 66
网址：www.chateau-grand-puy-lacoste.fr

雄狮酒庄（Léoville-Las-Cases）

雄狮酒庄的核心和灵魂是53公顷围墙围起来的区域，它位于圣于连村庄和拉图酒庄北部的边界。最近翻新的石墙围绕着这片葡萄园区，狮子顶装饰的大门充当了酒庄明显的标志，也是兰克斯（Las-Cases）标签上图案设计的灵感之源。

这是老雄狮酒庄的核心，它在19世纪初被分裂出去[皮埃尔-吉恩（Pierre-Jean）和马奎斯·兰克斯（Marquis de Las Cases）各保持原始酒庄的一半区域]，并且给今天雄狮酒庄的发展奠定了基础。这座村庄南部郊区的一片土地以及正对着 D_2 路另一侧的这个著名的大门的一块土地经常生产优质的葡萄酒。葡萄园的其他地方，尽管以相同的方式培养，但是被用来生产另一种品牌克洛斯·杜·马奎斯（Clos du Marquis），它只算是比较好的副牌酒。

当我正写作这本书的时候，与生产部经理迈克尔·乔治（Micheal Georges）在这片围起来的区域散步是一次富有启发和令人振奋的经验，他直接带我到雄狮酒庄的中心，这片土地形成了两块缓慢起伏的土丘，它有直接通往沼泽的斜坡。河口在不远于这里1千米的地方，看起来明显地靠近这里。脚下，深深的碎石土壤包含了复杂的基质，沙子和黏土的深度与比例随着地面不断地变化。

南方和东南方光线的结合，河口提供的微气候以及碎石土壤给赤霞珠葡萄提供了完美的地势。在围墙围起的这片区域，赤霞珠葡萄占了葡萄园的70%。美乐被种植在山坡脚下（朝向东部和北部以便像品丽珠一样在同样的时间成熟），美乐则种在中间的区域。

右图：这是波尔多最让人印象深刻的地标之一，桀骜不驯的狮子门在某种程度上弥补了酒庄的不足

上图：让–休伯特·德隆（Jean-Hubert Delon），一如他的前辈们，专注于葡萄酒的品质，同时致力于寻找葡萄酒的"平衡、精巧和神秘感"

最悠久的葡萄藤的一部分，80 年的品丽珠接近 D_2 路。

当我们散步时，乔治向我解释，葡萄园处于平衡的状态，种子的活力在很好的控制中。一块或两块土地需要草地覆盖，但是主要以传统的方式耕种。绿色收获远不止是除去枝条的问题，20 世纪 90 年代已经避免使用除草剂和杀虫剂。

如果说现在葡萄园处于引人注目的条件下，部分因为雄狮酒庄过去 100 年的持续性。1900 年，这座酒庄成立了一个公司，而且当时的总经理西奥菲·斯卡温斯基（Theophile Skawinski）拥有一定股份。他的玄孙让–胡伯特·德龙（Jean-Hubert Delon）现在是地产管理者，同时他的妹妹金妮韦芙·达尔顿（Genevieve d'Alton）是雄狮酒庄完全的主人。这些年来，德龙家族的另三代管理着酒庄，逐渐积累了大部分的股份。

克洛斯·杜·马奎斯葡萄酒早在 1902 年就生产了，是由雄狮原来的土地之外的葡萄园（酒庄西部更远处的一块区域）生产的。今天的情况依然如此，伴随着围墙围着的许多土地的添加（就像年轻的葡萄藤），有人认为这是雄狮酒庄品质缺乏的表现。米歇尔·德龙从 1976 年开始经营这座酒庄直到 2000 年去世，他因对于品质不妥协的态度闻名，他的儿子让–胡伯特（Jean-Hubert）有着类似的气质，因此出现了优质葡萄酒数量上的波动。

雄狮葡萄酒以传统的方式酿造，同时在 65% 的新橡木桶中陈酿。也就是说，德龙家族已经充分利用最新的技术，只要这个技术已经证实了是有价值的。一个反渗透浓缩器已经使用了许多年，当我于 2009 年收获期拜访那里时，一个光学分级葡萄系统和新一代的压碎器正在运行。这个系统 2008 年已经在德龙家族的另外两个酒庄——列兰酒庄（Nenin）和波坦萨酒庄（Potensac）尝试过。

顶级佳酿

Château Léoville-Las-Cases

毫无疑问，雄狮酒庄的葡萄酒是梅多克地区最好的之一。自从 20 世纪 70 年代中期以来，它的记录一直很好。酒庄生产的葡萄酒饱满且浓郁，伴随着波亚克式的强劲和结构（并不令人惊讶，考虑到葡萄园的布局），而且确实为了陈酿而制造。赤霞珠是混酿中的主要物质，在伟大的这几年比例在增长（2005 年为 87.6%）。品丽珠和美乐是其他的品种，占据着差不多同等的比例（与 Clos du Marquis 不同，它有多达 40% 的美乐）。

米歇尔·德龙过去常常添加微量的味而多到优质葡萄酒中，但是现在主要保存在 clos du Marquis 酒中。"我的父亲喜欢酒中的强劲感，但是我正寻求更平衡、纤细、神秘的感觉。"让-胡伯特·德龙说道。

接下来的品尝发生在 2009 年 9 月。

1962 黄褐色。明显的 *sous-bois* 风格但是含有一丝果味，口感香甜，柔软且亲切。

1996 砖色，但是核心很浓密。草木味、叶香味。酸度提供了一些长度，但是果味开始变干。

1975 深砖色。加仑味、焦味暗示炎热、干燥的一年。口感牢固、干燥且缓和。

1985 这个时候可能最宜饮用。红宝石色伴随着一丝边缘的砖色。闻起来成熟、圆滑、饱满。香甜，有浓郁果味。

1986 ★ 葡萄酒产量较大，属典型的波亚克风格。强劲，复杂且有节制。有很多提取物，但是有美妙的平衡。也许是米歇尔·德龙家族最好的葡萄酒。

1989 ★ 美好的重量和质地。充满口腔的果香和强劲的鞣质结构。明显的黑加仑味道伴随着一点雪松和雪茄味。令人喜爱的平衡感，酒本身很好。是埃米尔·比诺（现在在布瓦瑟诺旗下）作为顾问时最后的葡萄酒。

1994 让-胡伯特·德龙与他父亲酿造的第一瓶葡萄酒。风格节制且保守，有许多稠密提取物。强劲甚至强壮的鞣质结构。宜保存一段时间后饮用。

1996 ★ 稠密且强劲，但是也很精炼和复杂（与拉斐特相比）。很明显的红葡萄酒特点，也许还有矿物味。美丽的长度和平衡感。

2000 ★ 深色，成熟且浓郁。强劲的鞣质结构，但是包裹着饱满、丰富的果香，一丝上等橡木味。确定需要时间陈酿。

2002 一种令人印象深刻的葡萄酒。纯正且芳香，伴随着黑加仑和甘草的味道。中等到十分浓郁，多肉，有很好的鞣质颗粒。香草、橡木味明显。有难掩的魅力。

雄狮酒庄概况

总面积：100 公顷
葡萄园面积：97 公顷
产量：120 000 ~ 240 000 瓶正牌酒；180 000 ~ 300 000 瓶副牌酒
地址：33250 St-Julien-Beychevelle
电话：+33 5 56 73 25 26

巴顿酒庄（Léoville Barton）

如果一种葡萄酒的精神能通过它的主人体现，那么赋有魅力的安东尼·巴顿（Anthony Barton）已经创造了巴顿酒庄的奇迹。他的人格魅力和智慧使梅多克地区大放异彩，同时他对酒庄细致的管理以及对价格敏感的处理已经赢得了消费者和他的商界同行的尊重。

巴顿酒庄的葡萄园曾经是广阔的兰威庄园（Leoville）的一部分，这里曾经因18世纪布雷斯·亚历山大·德加斯科（Blaise Alexandre de Gasq）对它的经营而闻名。在德加斯科于1769年去世后，它被传给4位继承人；在19世纪初期，兰威庄园分裂了，一部分于1826年分给了有爱尔兰血统的休·巴顿（Hugh Barton）。他于1821年购买了朗歌酒庄，这座高雅的酒庄现在既是安东尼·巴顿的住宅，也是描绘在巴顿葡萄酒包装上的图案的灵感所在。两座酒庄的葡萄酒酿造设备也是共享的。

安东尼·巴顿在1983年接管了巴顿酒庄和朗格酒庄，他的叔叔罗纳德（Ronald）已经把产权送给了他。他出生在爱尔兰，曾经为家族酒商巴顿和盖捷（Guestier）工作，在1951年到达了波尔多，之后在1967年建立了自己的葡萄酒产业。安东尼·巴顿精品酒业现在由他的女儿莉莲（Lilian）管理，她也协助管理这两座酒庄。

巴顿酒庄还没有改革，仅有一个持续的精调以改善葡萄酒酒质的过程。特别的注意力已经放在葡萄酒。为了代替衰老的葡萄藤，移植的项目已经于1985年开始（但是保留年龄），与此同时，土壤掺杂着有机物质。葡萄

右图：安东尼·巴顿和他的女儿莉莲，他们的酒庄所有权归属家族的时间相比其他酒庄都要长

如果一种葡萄酒的精神能通过它的主人体现，那么赋有魅力的安东尼·巴顿已经创造了巴顿酒庄的奇迹。他对酒庄细致的管理以及对价格敏感的处理已经赢得了消费者和商界同行的尊重

巴顿酒庄（Léoville Barton）

园现在处于平衡的状态，产量通过合理使用修剪措施进行调节。除了最年轻的葡萄藤，绿色收获被避免，甚至对于那些最小的葡萄藤也是如此。所有的工作中被忽视的英雄一直是米歇尔·拉乌尔（Michel Raoult），他从1984年起担任技术指导直到2008年退休。

一部分的葡萄园位于 D_2 路的河口旁，D_2 路朝北走，从巴顿酒庄的农业建筑和办公室一直通向雄狮酒庄围墙围着的区域。这里的土壤尤其多石，黏土构成明显处于不同水平。惊奇的是，美乐葡萄的很大一部分种植在这个区域，最老的种植于1962年。也有一点赤霞珠，但是赤霞珠的大部分位于往西通向大宝酒庄（Château Talbot）的区域，那里的碎石土壤有略多的沙子。

考虑到近来的标准，巴顿酒庄倾向于比其他酒庄更早地收获葡萄，但是不会在成熟度未达到时收获。葡萄酒酿造有传统的方法，天然的酵母在温控木桶中实现对葡萄的发酵，安东尼·巴顿在这些年已经平稳地更换了这些木桶。苹果酸 - 乳酸的发酵也在相同的桶中完成。葡萄陈酿在60%的新橡木桶中持续18 ~ 20个月。二级桶装酒窖于1990年建成。

顶级佳酿

Château Léoville Barton

葡萄酒风格经典，主要成分是赤霞珠（刚好超过葡萄园的70%，伴随着23%的美乐和7%的品丽珠），充满活力，和谐且有很好的结构，有清爽、吸引人的果香。它普遍比巴顿葡萄酒更牢固。持续性是显著的，尤其自20世纪90年代中期以来。我在2003年2月已经品尝了许多20世纪90年代生产的葡萄酒且品尝了安东尼·巴顿在午餐时提供的1986 ★。后者看起来是更持久的葡萄酒，牢固

且充满活力，有很好的平衡度和长度以及水晶似的新鲜感和矿物味。1991拥有果味且有活力，以及某种芳香的复合物。1992和1993说明了这些年的困难，相比于更绿色的1993，我的偏好是更纤细的1992。1994是一种明显的提高，它看起来已经避免了粗糙的鞣质，但是缺乏雄狮酒的魅力。我能在1995 ★中找到这种充分的魅力，一种有强烈浓郁果味的葡萄酒，伴随着持久牢固的余味。然而1996 ★是更好的，它更加浓郁且强劲（几乎类似于波亚克），但还是有雄狮特有的平衡感和长度。1997是圆滑而多汁的，且已经可以开始饮用；

1998 是相反的，饱满但是牢固，有鞣质且需要时间沉淀。

2009 年 2 月品尝到以下几种酒。

1999　饱满，中等酒体的葡萄酒，有魅力。深深的果味和松露味。现在可以饮用。

2000 ★　深色，成熟且复杂。饱满且浓郁，有明显的黑加仑芳香。有平衡感和长度，能持久陈酿。非常完美。

2001　饱满且可口的。比 2000 充分但不够浓郁。牢固的鞣质结构将需要时间陈酿。

上图：巴顿酒庄富有代表性的优雅外观使酒庄生色不少

巴顿酒庄概况

总面积：150 公顷

葡萄园面积：48 公顷

平均产量：250 000 瓶正牌酒；90 000 瓶副牌酒

地址：33250 St-Julien

电话：+33 5 56 59 06 05

网址：www.leoville-barton.com

杜克鲁-宝嘉龙酒庄（Ducru-Beaucaillou）

关于杜克鲁-宝嘉龙酒庄的葡萄园最令人惊讶的一件事情是在酒庄的土壤中发现了五彩缤纷的石英和火石。无论如何，足够与众不同，并且启发人们为这座酒庄起了个难忘的名字：宝嘉龙。杜克鲁这部分被伯特兰·杜克鲁（Bertrand Ducru）添加，他于1795年收购了这家酒庄。杜克鲁对于现在处于酒庄中间的区域的建设也是很负责的，酒庄两端的两座正方形的塔非常显眼地出现在葡萄酒的标签上，在19世纪后半叶被当时的主人纳撒尼尔·约翰斯顿（Nathaniel Johnston）增添进酒庄。酒庄也包括一个延伸的牧场、沼泽和森林区域。

自1941年以来，宝嘉龙酒庄一直由博赫（Borie）家族掌管。让-欧仁·博赫（Jean-Eugene Borie）于1953年从他的父亲弗朗西斯（Francis）手中接管了酒庄，他通过酿酒顾问艾米尔·培诺（Emile Peynaud）的帮助，伴随着20世纪60～80年代初期耀眼的葡萄酒产量提升了酒庄的声誉。他的儿子弗朗索瓦-泽维尔在1978年加入他以帮助运营扩大的家庭投资组合，在1998年让-欧仁去世后，他继续管理这座酒庄。2003年，酒庄进行了重新分配，这使得弗朗索瓦-泽维尔接管了拉古斯酒庄和奥巴特利酒庄。与此同时，他的兄弟布鲁诺接管了杜克鲁-宝嘉龙酒庄。

葡萄园的核心是55公顷的区域，这块区域每公顷种有10 000株葡萄藤，它围绕着这座酒庄而且下降到河口800米的范围内。"风土条件或者生态系统得益于接近河口并且有深处的干夕亚沙砾土。"布鲁诺·博赫解释道。他对于优质葡萄酒的选择主要来自这里，更远的20公顷的位于大宝酒庄附近内陆的区域用来生产副牌酒 Croix de Beaucaillou，于1995年推出。

在过去，杜克鲁-宝嘉龙酒庄不得不忍受的唯一的艰难岁月是20世纪80年代末，那时在酒窖中发现了TCA污染，这影响了20世纪80年代末和90年代初期葡萄酒的产量，导致新的半地下式酒窖的建立。自1995年以来，葡萄酒一直是干净的，没有缺陷。更重要的是，自从布鲁诺·博赫接管酒庄，酒庄毫无疑问已经提升到了新的高度。葡萄酒的选择已经变得更为严格，与先前每年生产180 000瓶葡萄酒相比，现在每年最多生产144 000瓶葡萄酒。移植的葡萄藤现在被分开收获，而且已经购买新的压榨机来提高压榨葡萄酒的质量。另一个圣于连的地产——拉朗宝怡酒庄被用来测试新的技术，待新的技术成熟后再应用于杜克鲁-宝嘉龙酒庄。正如博赫所说："正是小的细节帮助改善葡萄酒的质量。"

然而葡萄酒酿造方法还是保持传统，伴随着柔和的萃取以及发酵温度不超过30℃。尽可能分区使用不同的葡萄酒酿造技术，酒精和苹果酸-乳酸的发酵在大桶里进行。然后葡萄酒在桶中陈酿18个月，2005年有多达90%的新橡木桶用于葡萄酒生产。赤霞珠红葡萄是混合物中的主要成分，博赫把这个比例从前些年记录的65%～70%增加到了2007年和2008年的85%～90%。美乐红葡萄是补充的成分。

顶级佳酿

Château Ducru-Beaucaillou
杜克鲁-宝嘉龙正牌酒的风格是高雅和平衡的

右图：自19世纪以来，双塔一直点缀着酒庄，酒标上也印有宏伟的酒庄外观

上图：带有艺术细胞的布鲁诺·宝怡（Bruno Borie），自 2003 年接手酒庄以来，他对细节的重视已经或多或少地改善了杜克鲁的境况

结合，而且具有圣于连的果香特性。宝嘉龙的酒以它的纤细、深度和余味的新鲜感领先。这是普遍发展缓慢的葡萄酒，需要 10 年，所有的成分才会协调好。一个"现代经典"是我想要写给 2008 ★ 期酒的。我很少品尝更老的葡萄酒，但是 2008 年对这座酒庄的拜访给我提供了品尝具有两个著名年份葡萄酒的机会。

1961 ★ 非常耀眼，深色、饱满且浓郁，口感中有果味，表明了它的年份。

1970 ★ 体现了更多的改进，砖色，有烟草味，但质地是柔软顺滑的，果味还是甜的且充满生气的。

1996 我所欣赏的一种葡萄酒，更少的精确性。边缘有轻微的砖色，有叶香、黑加仑的味道。中等酒体，口感新鲜且长度很好。

2003 有许多果味但是缺乏活力和魅力。气味和口感都有李子味、加仑味和烧烤味，有强劲的鞣质结构。

2005 ★ 饱满、成熟且复杂。闻起来有糖浆味但没有果酱味。口感浓郁但和谐，酸度给人以长度和线条感。现在品尝口感是最强劲的，但需要较长的陈酿时间。

杜克鲁–宝嘉龙酒庄概况

总面积：220 公顷
葡萄园面积：75 公顷
产量：108 000 ~ 144 000 瓶正牌酒；120 000 ~ 144 000 瓶副牌酒
地址：33250 St-Julien
电话：+33 5 56 73 16 73
网址：www.chateau-ducru-beaucaillou.com

金玫瑰酒庄（Gruand-Larose）

金玫瑰酒庄酒由于它的尺寸、价格和容易获得，一直是梅多克二级酒庄中最容易接触到的一个。回想 20 世纪 80 年代我在巴黎的日子，我还记得 20 世纪 70 年代它的葡萄酒产量。那时葡萄酒装在长颈的奥比昂式（Haut-Brion-style）的酒瓶里，在遍及法国首都的餐馆里都可以获得。公司的分布系统有助于金玫瑰葡萄酒成为世界认可的品牌，这很大程度上归功于酒商考狄埃，他一直掌管着酒庄直到 1983 年。

考狄埃把酒庄卖给了苏伊士（Suez）银行集团，他们 10 年后也就是 1993 年转手卖给了艾卡特·艾斯森（Alcatel Alsthom）集团。这个工业巨头对这座酒庄进行了很大的投资，改善了排水系统，更新了农业装备，对酒窖进行现代化（新的木桶被引进），翻新了 19 世纪的酒庄。一切都证明这是一个代价昂贵的副业，1997 年艾卡特·艾斯森集团把酒庄卖给了目前的主人——泰联集团，一个由梅洛家族掌管的酒商企业。

从 1971 年开始，直到 2006 年退休，乔治·保利（Georges Puali）始终是金玫瑰酒庄的一个管家，他扮演着总经理和酿酒师的角色。在他的指导下，葡萄酒保持饱满的、充满活力的、浓厚的、果味明显的风格。自 2007 年以来，酿酒学家埃里克·博伊森纳特（Eric Boissenot）一直作为酒庄的顾问，如今的趋势旨在进行更多的细微改良，提取更加柔和（保利想要发酵进行得更缓慢），葡萄酒的长度和结构都有更仔细的筛选以及更精确的压榨葡萄酒的添加。

这里的葡萄酒的风格很大程度上归功于它的风土条件。葡萄园朝东南方向而且处于深部沙砾土壤上的一单块区域，土壤相比圣于连的其他地方有更高比例的黏土。自 2000 年以来，一直有相当大规模的重组，新的葡萄藤植株有着 10 000 株/公顷的高种植密度，而更老的葡萄藤种植密度在 6 500 ～ 8 500 株/公顷。年轻的葡萄藤的出现解释了副牌酒萨格特金玫瑰惊人的产量。

目前，葡萄园种植了 61% 的赤霞珠、29% 的美乐以及 5% 的品丽珠和味而多。目前计划增加赤霞珠和味而多的比例而减少其余两种。最近的葡萄酒生产中，葡萄酒一直在 50% 的新橡木桶中陈酿 18 ～ 20 个月。

顶级佳酿

Château Gruaud-Larose

1982 ★一直是非常好的，饱满、充分和多肉的，口感有浸出的果味但是保留了长度和清晰度。1986 ★强劲且令人印象深刻，密度和结构能很好地保存很长时间。1989 和 1990 两组酒，我更喜欢持久和强劲的 1989 ★，而不是更甜、更软的 1990。另外一组不错的葡萄酒是 1995 和 1996，前者提供了果香和魅力，后者有复杂度和长度。2000 有典型的金玫瑰酒的成熟感和浓郁的果香，鞣质牢固且持久。

1996 ★ 赤霞珠年份酒且作为金玫瑰葡萄酒未来风格的参考。果香明显，但是有长度、新鲜感和很大程度的复杂度。有矿物味、香料味和檀香味，令人喜欢的平衡感。

2007[V] 质量上更轻但是实在且纯。果香明显但是更精致且风格上力度更小。同时纤细的鞣质结构给葡萄酒提供了一些提升和长度。

金玫瑰酒庄概况

总面积：130 公顷
葡萄园面积：80 公顷
平均产量：180 000 瓶正牌酒；240 000 瓶副牌酒
地址：33250 St-Julien-Beychevelle
电话：+33 5 56 73 15 20

拉格朗日酒庄 (Lagrange)

拉格朗日酒庄的复兴很大程度上归功于目前的主人三得利 (Suntory) 公司和总经理马塞尔·杜卡斯 (Marcel Ducasse),他经营这座酒庄直到 2007 年退休。拉格朗日酒庄在 1840 年是有着 280 公顷土地的繁荣酒庄,当 1983 年日本饮料集团接管它的时候,拉格朗日酒庄处于很窘迫的境况。那时酒庄面积已经缩减为 157 公顷,其中仅 56 公顷的土地用来种植葡萄藤(包括不成比例数量的美乐)。一些建筑和酒庄都成了废墟。

马塞尔·杜卡斯接到了恢复拉格朗日酒庄的任务,今天我们能看见他的许多成就(得到了三得利的财政资助)。这里的葡萄园已经将面积扩大了一倍(赤霞珠葡萄的比例增加到 65%)。这里的建筑和酒窖已经被翻新,且新的桶装酒窖已建立。大比例的年轻葡萄藤导致更严格筛选过程的产生以及副牌酒的出现。首先是 Les Fiefs de Lagrange,1985 年出产的一级葡萄酒,1997 年一款白葡萄酒 Les Arums de Lagrange 也被推出。

这座葡萄园跨过圣于连最西边的两座碎石圆形山顶。土壤分析的项目于 2010 年推出,但是最好的位置已经被确定。这包括小的、多石的沙砾区域,这块区域出产相当优质的美乐葡萄和味而多葡萄,还有几块包含更多石头和些许含铁氧化物的区域,它们出产结构良好的赤霞珠葡萄。"也有更适中的含沙的碎石区域,20 世纪 80 年代更老的葡萄藤曾种植在这里,这是有趣的开始。"布鲁诺·埃纳德说道,他继承杜卡斯成为总经理,自 1990 年以来一直在酒庄工作。

埃纳德正致力于对拉格朗日进行进一步的改善。除了土壤分析以外,还有一些关于有机物质和生物动力学的实验,自 2009 年以来,收获过程有了更多的精确性。在 2009 年收获期间,酒庄开始尝试使用一个光学的葡萄分类器和新一代的压碎机。长远来看,800 万欧元的预算已经决定用来建造一个新的酒窖、灌装线以及游客接待区。

顶级佳酿

Château Lagrange

布鲁诺·埃纳德认为完美正牌酒混酿比例是 60% ~ 70% 的赤霞珠和 25% ~ 30% 的美乐,加上一点味而多。葡萄酒在 60% 的新橡木桶中陈酿 18 ~ 20 个月。

葡萄酒是有结构且平衡的,有吸引人的浓郁果香。唯一缺乏的是一点芳香复杂度。更老的葡萄酒包括歉收但是高贵的 1996 和华丽、果香浓郁的 1990 ★,它们多在圣于连酿造。

2000 ★ 浓厚,饱满且平衡,有雪松和香草味。酒庄最好的酒之一。

2001 柔软且平衡,有活泼的矿物味,余味有点硬。

2002[V] 中等酒体,芳香且精致。比 2001 更和谐。

2003 香甜但是新鲜且平衡。避免沾满果酱和粗糙的鞣质。

2004 中等酒体,即使不具有顶级酒酿的浓郁,也具有很大的魅力。

2005 ★ 丰富且强劲的酒,有令人喜欢的果香浓度。

2006 ★ 经典风格,持久且线性,有好的酸度,但是果香是成熟和纯正的。

拉格朗日酒庄概况

总面积:157 公顷
葡萄园面积:117 公顷
平均产量:300 000 瓶正牌酒;420 000 瓶副牌酒
地址:33250 St-Julien-Beychevelle
电话:+33 5 56 73 38 38
网址:www.chateau-lagrange.com

波菲酒庄（Léoville Poyferré）

波菲酒庄自 1920 年以来一直被居弗利埃（Cuvelier）家族拥有，并且自 1979 年以来由迪迪尔·居弗利埃经营。它曾经是大雄狮酒庄的一部分，在 19 世纪初，这座酒庄的一部分赠给了杜·波菲男爵的妻子。

在 20 世纪 80 ～ 90 年代初，波菲酒庄有很多工作需要开展，它的葡萄酒远远落后于另外两家雄狮酒庄——雄狮巴顿酒庄和雄狮凯泽斯酒庄。迪迪尔·居弗利埃继承了 48 公顷葡萄园，因为根茎的不足很快决定挖掉并重新种植 20 公顷。他也进一步添加了 32 公顷土地，把葡萄园的面积提升到目前的 80 公顷。"葡萄园自 2000 年以来一直在定期更新的过程中成熟。"

这块区域的三分之二是独特的，最好的地方正对着雄狮酒庄围起来的区域，也在圣于连村庄南侧 D₂ 路的另外一侧。另一个 22 公顷的区域位于穆林·雷切酒庄更远的内陆。

这个葡萄园的大部分葡萄用于生产副牌酒 Château Moulin Riche，但是最好的味而多葡萄用于生产优质葡萄酒。三级葡萄酒帕威龙·波菲被保存用来酿造另外两种标签的降级葡萄酒

葡萄园年龄逐渐增加，培育方式的改善，以及平稳地投资酒窖已经有助于给葡萄酒更多的深度和表现。米歇尔·罗兰德（Rolland）自 1994 年以来一直是酒庄的顾问，所以对于混合产物中的成熟度和精确度是很清楚的。葡萄酒由 65% 的赤霞珠、25% 的美乐、8% 的味而多和 2% 的品丽珠混酿而成；然后在 75% 的新橡木桶中陈酿长达 20 个月。

顶级佳酿

Château Léoville Poyferré

我在 2001 年 4 月品尝了酒庄 20 世纪 80 年代和 90 年代的葡萄酒。1989 和 1990 是香甜和成熟的，且还有牢固的鞣质，1990 离高贵和纤细只差一点。然而我更喜欢的酒来自 80 年代，是 1986 ★，一种强劲、稳重的葡萄酒，其中的一些物质看起来存放了很长时间。90 年代开始不好，但是 1996 ★ 得到了提升，它看起来有更少强劲的鞣质，也有活力和好的果香深度。1997 是柔软和清淡的;1998 果味很浓且强劲。21 世纪的葡萄酒看起来饱满且有活力，但是有平滑的质地和更精细的鞣质。风格肯定是圣于连式的但经常有健壮的，类似波亚克的风格。

1999 精致的、中等酒体的葡萄酒，有薄荷香、黑加仑味。柔顺的质地且具有魅力，但余味中有不稳固的鞣质。

2000 ★ 饱满、圆滑且丰富，有圣于连果香。柔软的质地和鞣质。有多年前失去的高贵。

2003 ★ 著名的年份酒。浓郁，充满果香，法国南部的味道，但有显著的平衡酸度。鞣质强劲但顺滑。

波菲酒庄概况

总面积:90 公顷
葡萄园面积:80 公顷
产量:216 000 ～ 240 000 瓶正牌酒;84 000 ～ 156 000 瓶副牌酒
地址:33250 St-Julien
电话:+33 5 56 59 08 30
网址:www.leoville-poyferre.fr

玛歌酒庄（Margaux）

在2009年收获前夕对玛歌酒庄的拜访，令我获得了很多的惊喜，印象深刻的是，这个新古典主义的酒庄坐落于生长有法国梧桐的小道尽头，在小道旁边有很多农场建筑，平日十分安静。然而在靠近酒窖的地方情形大不相同，庭院用混凝土浇灌而成，上面有几顶帐篷，工程师们正在装配一个新的葡萄接收系统。这个系统包括对葡萄分类的桌子、最新式的压碎机，以及一个迷你酒槽系统与靠重力运输葡萄到大桶里的滑轮。

玛歌酒庄缓慢渗出葡萄酒这种稳定性很少被现代小器具（甚至是当代的；在我参观时所看到的系统将在收获之后拆卸，而且混凝土将被移除——这毕竟是一个有历史意义的丰碑）所扰乱。

这里的葡萄酒是风土的产物，仅仅当仔细的测试和尝试表明技术是有价值的时候，这个技术才会被应用到葡萄酒的生产中。然而细节很关键，如果总经理保罗·庞泰利尔（Paul Pontallier）和他的技术团队被说服放弃更老的储料器和输送泵，那么很明显葡萄酒的品质将达到另一个等级。

酒庄的起源要追溯到12世纪，那时它以 La Mothe de Margaux 酒庄闻名于世。在莱斯托纳克（Lestonnac）家族的管理下，到了16世纪末，酒庄已经呈现出了它现在的规模。到了17世纪末，玛歌酒庄面积是262公顷，今天它还是如此。这其中三分之一的土地用来种葡萄藤。"在我们的档案里有一份追溯到1715年的文件，它展示了今天构成玛歌酒庄的这些区域早在18世纪就已经存在。"庞泰利尔说道。在这期间，玛歌酒庄的声誉开始建立起来。

玛歌酒庄在大革命时期被没收，1802年被卖给了考龙利拉伯爵，目前酒庄的建设离不开他的努力。马里斯马斯（Marismas）伯爵亚历山大·阿瓜多（Alexandre Aguado），一位富裕的西班牙裔巴黎银行家，当了一段时间的酒庄主人，此后酒庄数次易主，直到20世纪20年代被一群股东收购。1950年，吉内斯塔特（Ginestat）家族收购了玛歌酒庄。20世纪70年代初期，经济大萧条最终迫使吉内斯塔特卖掉了酒庄。1977年玛歌酒庄被安德烈·蒙泽洛普洛斯（André Mentzelopoulos）收购，他是一名出生于希腊的商人，他通过发展菲利·波坦（Felix Potin）连锁超市创造了他的财富。他的女儿科里恩（Corinne）是酒庄现在的主人，自从她的父亲在1980年去世以后，她接管了这座酒庄。

20世纪60~70年代，对于玛歌酒庄来说很艰难，临近的宝马酒庄有更好的葡萄酒。安德烈·蒙泽洛普洛斯带来的重组解决了这个问题。1978年，酒庄取得了很大的成功，葡萄酒的品质从那时起就一直得到保持。安德烈·蒙泽洛普洛斯的项目是长期的：更好的排水系统和更好的葡萄园经营，对于优质酒有更严格的筛选过程（起初通过顾问埃米尔·比诺的帮助），以及1982年针对新地下酒窖的计划。

葡萄园始终是一样的，其中一部分在围墙围着的区域里，围绕着酒庄；另一块很大的区域坐落在朝北的一块邻近的高原上；剩下的部分由教堂附近朝南的区域构成并且正对着酒窖。土壤主要是碎石和含有大比例黏土的沙子，但是也有石灰岩黏土和沙砾石组成的矿层。"土壤中有一些变化，但是玛歌酒庄的

右图：在经历了漫长的发展历程后，玛歌酒庄标榜自己拥有波尔多最经典、最上镜的外观

精华是生长在含有一部分沙子和黏土的深部砾石土壤上的优质赤霞珠。"庞泰利尔说道。

葡萄藤的平均年龄是 35 年，但是葡萄藤的年龄从 1 ～ 75 年不等，因为每年有 10 000 ～ 15 000 株的葡萄藤被移植且一小块区域被重新种植。绿色收获和脱浮技术被应用于这块区域。酒庄一直朝着有机生产方向努力，杀虫剂 20 多年前就被禁止使用了，而且在 1996 年开始使用杂交技术。为了寻找一种更绿色的处理霉和芽孢的方法，酒庄一直在进行尝试。

葡萄酒的制作过程是传统的。"当你有好品质葡萄的时候，葡萄酒的酿造应该仅仅是促使它们最好地表现自己。"庞泰利尔说道。自 1983 年他开始领导这支葡萄酒制作团队以来，老的 15 000 升的木桶用于发酵，2009 年额外的 27 个大小各异但是更小的不锈钢和新橡木桶补充了原有的这些木桶。为了提供更细节的葡萄园管理，这些一直被引进。陈酿过程通常是在 100% 的新橡木桶中持续 18 ～ 24 个月。庞泰利尔获得了关于橡木桶陈酿方面的研究成果，在玛歌酒庄橡木桶陈酿的过程总是被仔细地处理。

顶级佳酿

Château Margaux

葡萄酒结合了高雅的芳香与水果的密度和纯度。鞣质不太强劲，充满活力。这是一种平衡且有层次的葡萄酒，这种层次唤起了味觉中的纤细感与和谐感。葡萄是成熟的，但是绝不是过度成熟而且总是被余味中可以接受的新鲜感平衡。赤霞珠是主要的种类（2006 年为 90%，2007 年和 2008 年均

左图：玛歌庄主科琳娜·蒙泽洛普洛斯（Corinne Mentzelopoulos），自 1980 年酒庄由她接手以来，酒庄的一系列标准变得越来越苛刻

为 87%）。补充物是美乐，很少量的味而多和品丽珠。最近的几年选择已经变得更为严格，2006 年和 2008 年，正牌酒占了总产品的 36%，2007 年占了总产品的 32%。剩余的用来生产副牌酒玛歌红亭（Pavillon Rouge）（混酿中最主要的是解百纳，也有 45% 的美乐），或者整批出售。

2006 ★ 不可避免地被 2005 所掩盖，但是也有玛歌品牌酒的层次和古典感。闻起来纤细且精致，纤弱而又深刻。一点有趣的香味。口感浓郁且饱满，但被优质鞣质结构所平衡。很纯正且持久，余味有新鲜感。

2004 类似于 2006，但有更少的密度和精炼度。缓和的气味，口感圆滑且纤弱，有很好的鞣质和矿物新鲜感。

Pavillon Blanc de Château Margaux

葡萄酒是桶中发酵的，然后在避风处陈酿 6 ～ 7 个月。它是强劲的酒（酒精度高达 15%），具有兴奋、刺激的芳香味（柠檬和梨）以及口感上的饱满。最近的产品是受霜冻所困，但复杂的 2006 ★ 和豪华的 2007 品质仍旧不错。

玛歌酒庄概况

总面积：262 公顷
葡萄园面积：91 公顷
平均产量：150 000 瓶正牌酒；200 000 瓶副牌酒
地址：BP31，33460 Margaux
电话：+33 5 57 88 83 83
网址：www.chateau-margaux.com

宝马酒庄（Palmer）

宝马酒庄的葡萄酒正如它的黑金包装或者插有英国、荷兰和法国国旗的角塔式的酒庄一样著名。该酒庄在玛歌地区酒庄排序上仅次于玛歌酒庄（20 世纪 50 年代、60 年代和 70 年代的等级）。宝马酒庄的表现好于它三级酒庄的地位，这反应在葡萄酒的价格上。托马斯·杜鲁克斯（Thomas Duroux）自 2004 年起担任酒庄的经营指导，有一个关于宝马酒庄为什么不能排名更高的理论。"今天宝马酒庄的核心是酒庄背后的高原，但是在 1855 年它不是酒庄的一部分。"他解释道。

这座酒庄从英国少将查尔斯·宝马那里获得了它的名字和声誉。1814 ~ 1843 年，他掌管着宝马酒庄。他买下了这个地方，然后命名为 Château du Gasq，然后他把葡萄园扩张到了 80 公顷。其中很大一部分在卡塔纳高原以及波士顿玛歌村庄的西部。

因为巨额债务问题，宝马把酒庄放入了市场，最终宝马酒庄在 1853 年被从事银行业务的贝雷尔（Pereire）家族收购。葡萄园已经缩减到 27 公顷，高原上的土地可能正是在贝雷尔掌权时期获得的。他们也建设了酒庄，之后在 1938 年把酒庄卖给了一个财团，包括酒商斯切尔（Sichel）、马赫乐·贝斯（Mahler-Besse）、吉内斯塔特以及米埃勒（Miailhe）家族。现在，这个酒庄被斯切尔（34%）和马赫乐·贝斯的继承人拥有。

宝马高原刚好在玛歌酒庄的南边，包含碎石和沙子，地表下有 40 ~ 50 厘米的黏土。"这对于宝马酒庄是特殊的，并且部分解释了葡萄酒的深度和纤细，特别是美乐葡萄酒。"杜鲁克斯说道。这块区域占了葡萄园面积的 50% ~ 60%，而且提供了宝马酒庄的框架。有一些其他的葡萄园在卡塔纳高原的沙砾石土壤上，紧靠迪仙酒庄，迪仙酒庄含有更深的碎石土壤（一些最好的赤霞珠来自这里）。

宝马酒庄以美乐（葡萄园 47% 的品种）数量而著名，酒庄也有等量的赤霞珠，剩余的品种是味而多。自 2007 年以来，每块区域都进一步被研究，主要是土壤的深入研究。为了单个区域的管理，抵抗力、形态学以及种子活力、含氮量和含水量也被研究。

宝马酒庄的持续性在人员构成方面也有体现。从 1945 ~ 1996 年，查尔顿家族照料着这座葡萄园并且管理着葡萄酒的酿造过程，与此同时，伯兰德·布泰耶（Bertrand Bouteiller）从事总经理的角色长达 40 年，直到 2004 年他退休。他的继承者杜鲁克斯证明由他接任是非常明智的决定。

伴随着 1995 年新酒窖的建成，宝马有一段时间一直在技术上加速改进。然而，自从杜鲁克斯到来一直有更多微调。为了允许更小容积的接收，20 000 升的不锈钢酒槽已经被分开；为了改善压榨葡萄酒的品质，垂直式压榨机已经被引进；通过使用普通分类桌以及最新的压碎机，一个新的系统已经投入使用以便接收收成；2009 年的实验包括许多酒槽内的机械匹配以便调节循环过程。

杜鲁克斯也一直在用两种特别的桃红葡萄酒的生产取悦自己，这两种葡萄酒都不能称作玛歌酒。有很少容量的 Palmer blanc（实际上是密思卡岱白葡萄和灰苏维浓白葡萄）——类似维欧尼（Viognier），在味觉上恰好是更有活力的和一种标为历史性的 19 世纪混酿的葡萄酒，这包括了 10% 的西拉（Syrah）（来自北方朗龙的神秘资源）以及同等比例的美乐和赤霞珠。

右图：自信而国际化的外观已经远远胜过了它在 1855 年获得的官方排名

上图：宝马酒庄的总经理托马斯·杜鲁克斯，自从他于2004年离开奥纳亚酒庄进入宝马管理层后，这里的葡萄酒质量越来越高

顶级佳酿

Château Palmer

近来混酿平均含有40%的美乐，55%的赤霞珠以及5%的味而多。葡萄酒精确、舒适的本质使得它很快令人心动。但是宝马酒酿造需要一段时间的陈酿和封闭。在过去的一两年（最近在2009年9月），我已经有幸品尝过1985★，它是奢华的——平滑、清香、新鲜且平衡，还有富足的年轻风味。

2005★ 高贵的葡萄酒。很明显是宝马酒庄最好的葡萄酒之一。圆滑、充裕、诱惑、复杂、持久，鞣质有着令人惊讶的精致和持久性。上等的平衡感。

2006★ 没有2005可口，但还是平滑且精确的。也有很好的长度和平衡感。

Alter Ego

宝马的副牌酒被认为与它自己的个性不同。还是精确且纤细的，但是果味突出且更早可获得。总的来说，美乐是主要成分。

2005 成熟，圆滑，甚至有点法国南部的感觉，有明显的红葡萄特性。已经能饮用。

2006[V] 比2005更轻，但是有许多充满活力的果香，橡木味需要更多的时间融合，可观的新鲜感和余味长度。

宝马酒庄概况

总面积：55公顷
葡萄园面积：55公顷
平均产量：120 000瓶正牌酒；96 000瓶副牌酒
地址：33460 Margaux
电话：+33 5 57 88 72 72
网址：www.chateau-palmer.com

鲁臣世家酒庄（Rauzan-Ségla）

威特海默（Wertheimer）家族是敢于冒险的。两兄弟阿来（Alain）和杰拉德（Gerard）以及他们同父异母的哥哥查尔斯·海尔布隆（Charles Heibronn）曾是香奈儿时尚屋的主人（他们的祖父在1924年为可可香奈儿创立了香奈儿5号）。1993年，他们尝试买下拉图酒庄，但计划失败了，所以在接下来的一年他们把目光转移到了鲁臣世家酒庄上，这次他们成功了。

香奈儿公司现在是鲁臣世家酒庄的主人，但与其说这是一次团队的接管不如说是一种私人的交情。这种情况适用于总经理约翰·科拉萨（John Kolasa），一位在波尔多有30年经历的英国人，曾担任拉图酒庄的经理将近10年。他与威特海默有直接的接触，没有冗长乏味的报告，也没有大公司根深蒂固的工作制度。

在1855年分级制度确立以后，鲁臣世家酒庄在二级酒庄排名中刚好在木桐酒庄之后。直到20世纪30年代遭遇困难前，葡萄酒的品质一直很高。管理人员艾希纳（Eschenauer）的投资使得酒庄1983年、1986年、1988年葡萄酒的产量很好，但是在英国商人乔治·沃克的掌管下，酒庄已经失去了灵魂。"酒庄需要投资和新的哲学。"科拉萨宣称。

部分葡萄园受到了侧弯孢菌顶枯病的影响不得不被重新种植。排水系统也有改善的必要。"这个系统已经被忽视五六十年了。与玛歌酒庄的密切交流也有一个更广泛的意义，因为穿越村庄到旁边的河口，水需要排干。"科拉萨说道。威特海默家族做了广泛的调查，这使得其他的生产商受益，15千米的排水沟被修建。

下图：大门顶部有一头来自另一个时代的威风凛凛的狮子，威特海默家族已经把鲁臣世家打造成了一个好客的酒庄

另一个关键的决定是种植味而多。酒庄的档案已经揭示在 19 世纪多达 8% 的味而多已经用于混酿酒，现在它已经回归到 4%。所有葡萄种类的产量都有所下降，使得产量从艾希纳时代高达 204 000 瓶下降到目前的 120 000 ~ 144 000 瓶。在葡萄酒酿造厂，引进了新的设备，桶装酒窖被重新建造，而且储存设备被引进。最终，城堡被翻新以便作为家族房屋使用。

葡萄园的大部分位于卡特纳（Cantenac）高原上，其他的区域恰好正对玛歌村庄的北部。自 2006 年以来，这块核心区域一直被并购扩张。这包括了玛歌酒庄附近 1.5 公顷的 50 年藤龄的葡萄藤，这里以前被碧加伯爵酒庄拥有；在阿尔萨克（Arsac）的 9 公顷区域的葡萄被用来生产副牌酒。"我们需要持续对葡萄园翻新，并且葡萄园的扩张有助于达到平衡。"科拉萨解释道。

顶级佳酿

Château Rauzan-Ségla

赤霞珠占了混酿酒中的 55% ~ 65%，美乐占 35% ~ 40%，然后有一点调味的味而多或品丽珠，或者两者都有。陈酿在 50% 的新橡木桶中持续 18 ~ 20 个月。自从威特海默于 2004 年 3 月购买酒庄以来，葡萄酒被品尝，提供了一些实现进步的措施。1994 真的不是新团队的产品，我发现它是红葡萄主导的但是有一点绿色的感觉，余味边缘有鞣质。1995 ★ 有很成功的柔软度且清香，具有很好的鞣质。1996 是优秀且持久的，酒的结构有一点强硬，尽管对于酒瓶品质我有疑问。1997 是清淡且容易入口的，现在饮用可能是最好的。1998 是相对紧密的，但是口感上多肉且结构上暗示了很好的陈酿潜力。1999 看似有点迟钝，鞣质粗糙且

左图：约翰·科拉萨（John Kolasa），他以自身的经验和专业知识实现了鲁臣世家意义非凡的复兴

干燥。2000 ★ 有着美妙的均衡感且高贵，有深度的果香且鞣质优质牢固。质地纤细、平衡和丰富是鲁臣世家葡萄酒的特征。葡萄酒的特点鲜明，但是比以前有更多的持续性，且品质得到了改善。

2001 很有魅力。纤弱和精致的香味，突出的果香。口感活泼且平衡。现在已可以饮用。

2004 深色，看起来比平时更朴素，酸度明显。中等酒体且可口，余味可以感觉到少量鞣质。

2006 ★ 真正经典的清香，持久且新鲜，可口的橡木味无处不在。顺滑、精致的质地，鞣质牢固但是很好。

鲁臣世家酒庄概况

总面积：75 公顷
葡萄园面积：62 公顷
产量：120 000 ~ 144 000 瓶正牌酒；144 000 瓶副牌酒
地址：BP56，33460 Margaux
电话：+33 5 57 88 82 10
网址：www.chateaurauzansegla.com

布莱恩-康特纳酒庄（Brane-Cantenac）

亨利·卢顿（Henri Lurton）令人欣赏的简历与他慎重、好学的品格有关。它拥有生物学硕士学位和葡萄学/酿酒学[与塞甘（Seguin）教授研究葡萄园的土壤]工程师文凭和酿酒研究文凭。更令人惊讶的是他爱冒险的"工作经历"，这包括20世纪90年代初在澳大利亚、南非、智利的经历。实际上，如果不是他的父亲卢森决定把家族产业传给他的话，卢顿也许还会花费更多的时间在路上。1992年，亨利突然回家接过了布莱恩-康特纳酒庄的掌舵权。

在这里，高雅和培育是最被关注的，尤其涉及葡萄酒的芳香和结构时。亨利·卢顿已经逐渐增加了葡萄酒的浓度和品质

他继承的酒庄的中心是45公顷围绕着酒庄的尤其是在卡特纳高原前方的30公顷土地。这里的土壤是具有相当含量黏土的、深的、自由穿流的干夕亚砾土，它们经常用来生产许多最好的葡萄酒。当到了每年制作混酿酒的时候，这是一个重复确认的事实。相比高原上的那些土地，在酒庄后的15公顷土地有更多的沙砾石成分和更高的地下水位（5～6米而不是3米）。在1998年它们被大量重新种植，但至少有一段时间这些葡萄藤很少能酿造优质葡萄酒。

有两个更远的葡萄园 Baron de Brane 和 La Verdotte，主要供应副牌酒。它们紧挨着阿尔萨克和杜特酒庄，有深的、粗糙的砾石，在1994年被排干和重新种植。

在亨利·卢顿小心翼翼的监督下，自1995年以来布莱恩-康特纳葡萄酒的品质已经明显提升了。有更严格的筛选、更细致的点对点管理，以及更自然的处理方式。种植的密度在6 666～8 000株/公顷，但是为了改善覆盖度，顶棚已经提高了。耕种技术在1994年被重新推出，人工收获和有机物质的使用也于当时开始，但是卢顿说："它绝不会是完全有机的，因为我谨防铜溶液的过量使用"。

然而生态学和环境是明显需要考虑的，当新的葡萄酒酿造厂在1999年被建造的时候，它遵循可持续的理念。它是宽敞和实用的，木制和不锈钢的酒桶与葡萄园区的面积和数量相一致。卢顿很高兴能根据葡萄园的情况改变葡萄酒酿造的方法，当他感觉必要的时候，他会使用一些技术，例如酒帽浸压法、冷却预发酵浸渍，以及桶中苹果酸-乳酸发酵。"我有时追求更多的萃取为了改善单宁酸的质量，在这种情况下压榨葡萄酒没有被使用。"他解释道。葡萄酒在70%的新橡木桶中陈酿18～20个月。他不但是好学的，而且亨利·卢顿很明显也是一名机敏的技术人员。

顶级佳酿

Château Brane-Cantenac

在这里，高贵和培育是出现在我脑海中的词语，尤其考虑到芳香和结构时。亨利·卢顿已经逐渐增加了葡萄酒的浓度和品质。总的来说，尽管存在更弱的年份酒，20世纪80年代的葡萄酒是令人失望的，不过展现了那里有潜力。在当时，成熟感、多余的产量和提取的品质可能是最大的问题。两个例外是1983 ★（它展示了一点更深的深度和芳香的纤细）和1989 ★（它有真正的高贵、平衡和长度）。1956有坚固的果香，但是我发现这是粗糙和肥厚的。1982没有被展示。20世纪90年代初期再次为我留下深刻印象，1990有一点甜味但是相当短暂。提高从1994开始，它有更好的果香，即使它缺乏一些魅力。接下来是令人惊叹的几

年，1995 ★和1996 ★，前者成熟、圆滑且诱人；后者持久、新鲜且有矿物味，有很明显的赤霞珠特点。1997是柔软且简单的，但是喝起来感觉很好；1998风格上更有力量，有稠密的质地和强劲的鞣质。1999还有巧克力和橡木味，但是风格上看起来早熟。2000 ★展示了高等级和纤细感，伴随着现代感的果香。布莱恩-康特纳的混酿由55%的赤霞珠（这可以提高到70%，类似于2008），40%的美乐以及4.5%的品丽珠，以及一点试验量的卡曼尼（Carmenere）构成。

2004[V]　精致，中等酒体。平衡且顺滑，应立即打开饮用。

2005 ★　芳香且浓郁。优质的鞣质和质地。新鲜且持久。完整且令人满意。与2000一样或者更好。

2006　持久且直接，但是目前相当朴素。可以搭配食物且可以陈酿。

2007　更清新的风格，但是成熟且平衡。许多红色水果，伴随着一点粉饰的巧克力、橡木风味。应尽早饮用。

布莱恩－康特纳酒庄概况

总面积：100公顷
葡萄园面积：74公顷
平均产量：180 000瓶正牌酒；120 000～144 000瓶副牌酒
地址：33460 Margaux
电话：+33 5 57 88 83 33
网址：www.brane-cantenac.com

查塞林酒庄（Chasse-Spleen）

曾经有一个浪漫主义的推测，诗人波德莱尔（Baudelaire）或拜龙（Byron）提供了查塞林酒庄名字的灵感，它可以粗略地翻译为"把忧郁情绪驱赶出去"。相当令人失望的是，更多可能和乏味的解释是它仅仅是想出来的一个品牌的名字，作为1862年在一个展览会上对英国市场的介绍。另一方面，查塞林酒庄长期以来一直是一种有着令人印象深刻的精致波尔多葡萄酒的来源，这种葡萄酒常常是经典等级，并且总是有很高的价值。

从1922～1976年，酒庄被拉哈里家族很好地掌管。很大一部分归功于来自他们在兰德的木场工业的额外资金供应。随后酒商雅克·梅劳特收购了酒庄，并由他的女儿伯纳德特·维拉斯（Bernadette Villars）经营。维拉斯将酒庄从40公顷扩张到85公顷，直到1992年，一次事故悲剧性地突然中止了她的职位。随后,2000年酒庄由克莱尔（Claire）的妹妹赛琳娜（Celine）和她的丈夫吉恩–皮埃尔·弗比（Jean-Pierre Foubet）共同掌管。自2007年以来，赛琳娜·维拉斯·弗比已经变成了酒庄唯一的主人。

葡萄园一直扩大，超过100公顷，伴随着一个核心的70公顷干夕亚沙砾土的土地。这包括于1976年购置的原始40公顷土地和伯纳德特·维拉斯收购的以格瑞酒闻名的15公顷土地，以及于2003年购置的来自格雷斯大布娇酒庄的15公顷更远的土地，直到19世纪初期被分离出去，过去常常是酒庄的一部分。所以对于维拉斯·弗比来说，这是一些非常好的土地合理地回归家园（格雷斯大

左图: 赛琳娜·维拉斯-弗比（Céline Villars-Foubet），她见证了查塞林酒庄自2000年来的进步，并且从2007年后成了唯一的庄主

上图：在查塞林这个拥有如此浪漫名字的酒庄里，如今优质葡萄酒比以往任何时候都要多

布娇酒庄继续存在，但是面积缩小）。

自 2000 年以来，对于这座酒庄一直有相当多的投资，不仅仅对新购置的土地而且也是对葡萄园重新种植的投资。葡萄园的种植密度高达 8 000 ~ 10 000 株 / 公顷。赤霞珠大约占葡萄藤的 62%，混酿物的 55% ~ 60%，但是随着越来越多的年轻葡萄藤被种植，从 2000 年开始，这个比例下降到 50%。随着最近种植的葡萄藤变得更老，这个比例还会再次上升。葡萄园的另外一些品种是美乐（35%）和味而多（3%）。

其他最近的改变包括水泥酒槽的添加，酒窖的扩大（2007 年）和一个新的桶装酒窖的建成（2003 年），大桶推挤到 4 米高（通过叉式升降机操纵），有 Riojan 饭店的氛围。葡萄大部分是手摘的，而且用一种传统的方式酿造。葡萄在 40% 的新橡木桶陈酿 14 ~ 18 个月。

顶级佳酿

Château Chasse-Spleen

葡萄酒是经典的梅多克风格，具有很好的深度、结构、味道和陈酿能力。更老的葡萄酒有更严格的酿造流程。最近几年成熟度的提高和美乐的增加已经使得葡萄酒更圆滑且温暖。

2000 ★　成熟且浓郁，葡萄酒的品质得到了很好的展示。闻起来有深深的果香味和烟草味，口感充分、圆滑且可口。

2001　比 2000 更简洁，但是新鲜且活力十足，具有某种高贵的气息。

2003　中等酒体，柔软且容易饮用。没有很大的复杂度。

2004　牢固且持久，但是有充分的果香。很经典的风格，但是还有一些香草和橡木味。来自 2011 令人满意的中等重量的葡萄酒。

2005 ★　色深且稠密，伴随充分的果香和持久的余味。饱满且充满活力，有明显的陈酿潜力。

2006[V]　口感圆滑且充分，有牢固、干燥的余味。闻起来有巧克力和深深的果香味。很有魅力但是需要时间来展示。

查塞林酒庄概况

总面积：110 公顷
葡萄园面积：104 公顷
平均产量：400 000 瓶正牌酒；150 200 ~ 200 000 瓶副牌酒
地址：Grand Poujeaux，33480 Moulis-en-Médoc
电话：+33 5 56 58 02 37
网址：www.chasse-spleen.com

克拉克酒庄（Clarke）

当埃德蒙德·罗斯柴尔德男爵于 1973 年收购克拉克酒庄（名字由 19 世纪爱尔兰的主人授予）的时候，他希望酿造具有特级酒庄级别的经典梅多克葡萄酒。他的雄心壮志有巨大的投资支持着。葡萄园完全被重新种植，含有各占一半的美乐葡萄和赤霞珠葡萄（在农业议事厅的推荐下），原有建筑和酒窖也完全被翻新。

埃德蒙德男爵对于他的雄心壮志和银行存款有着同等程度的信心，这是一件好事。起初（第一种葡萄酒于 1978 年产生），葡萄酒被证明是不稳定的，通过土壤分析得知，土壤不是沙砾土，而是含有冷黏土和石灰岩，这意味着赤霞珠的很大一部分难以适应，因而难以成熟。所以，更多的其他品种被种植，到了 20 世纪 90 年代中期，美乐比例增加到了目前 70% 的水平。培养的方式也改变了，为了减少种子的活力，草面覆盖代替了传统的耕种技术。

米歇尔·罗兰德在 1998 年来到克拉克酒庄从事酒庄的顾问，他进一步把种子培育和葡萄酒酿导向右岸方式。在某些土地，绿色收获和脱浮技术已经变得系统化，产量因此降低了 10 个百分点，目前的平均产量是 4 500 升/公顷（葡萄园种植密度是 6 600 株/公顷）。在大部分葡萄园里，人工采摘已经取代了机械收获。

在葡萄酒酿造厂，罗兰德推出了冷的预发酵浸渍方式，针对提纯过程强化了放血法的实践，同时引进了木制大桶。技术指导彦恩·巴特沃特（Yann Buchwalter）在浸渍过程中已经开始使用连皮冷浸渍的方法。罗兰德提出的另一个改变是实行苹果酸-乳酸的发酵，并且在 80% 的新橡木桶中陈酿，伴随着有限的榨取过程以及于背光处放置一定的

时间。

酒庄除了红葡萄酒外，也有长相思葡萄主导的白葡萄酒 Le Merle Blanc de Château Clarke 和副牌酒 Les Granges des Domaines Edmond de Rothschild，由克拉克酒庄和另外两个酒庄（上梅多克）生产。酒庄的红葡萄酒吸引了大部分的注意力，与此同时，今天的葡萄酒与埃德蒙德男爵原始的想法相差甚远，但它还是利斯塔克（Listrac）地区领先者——饱满且平滑，具有现代的绚丽。

顶级佳酿

Château Clarke

埃米尔·比诺是这里的第一顾问，他建议尝试 100% 的美乐瓶装葡萄酒，它在 1982 年被生产。最近在酒庄被打开，据说它还是优质的。

1999 过渡时期的葡萄酒。闻起来很开阔但是缺乏复杂度。口感体现适宜的果香成熟感，但是鞣质有点含沙且是粗糙的。

2002 令人惊讶的成熟，有一点干脆和广阔。口感饱满且多肉，余味中有克拉克酒中延续的鞣质特性。

2003 饱满、充分且豪华，鞣质很好地被处理且绝不干燥，平滑而不是精致的。

2004[V] 深色。深深的果香。令人愉快的平衡感、长度和新鲜感。风格上更经典且直观，鞣质牢固但是很好。

2005 ★ [V] 可能是目前为止酒庄最好的葡萄酒。口感很浓厚，饱满且现代，伴随着充分的果香和完整的橡木味。鞣质强劲而精炼。

克拉克酒庄概况

总面积：180 公顷
葡萄园面积：54 公顷
平均产量：250 000 瓶正牌酒；250 000 瓶副牌酒
地址：33480 Listrac-Médoc
电话：+33 5 56 58 38 00
网址：www.cver.fr

奥比昂酒庄（Haut-Brion）

奥比昂酒庄或许是波尔多最古老的葡萄酒庄园了。可以肯定的是，它是因产地而闻名的第一家酒庄，并且在17世纪造就了"新法国红葡萄酒"（New French Claret）以及经典波尔多红葡萄酒的原型。多年来，由于风土人情的交融、稳固的所有权以及对技术的合理使用，这座酒庄继续扮演着开路先锋的角色。

该酒庄目前位于波尔多西南角的佩萨克市郊。葡萄园坐落于两座东南向的砾石山丘上，平缓的山坡上覆盖着深深的、贫瘠的、多碎石的泥土，以及由石灰岩和黏土构成的排水良好的底土。

在某些地区，Serpent 和 Peugue 这两条河道侵蚀了砾石，留下了石灰岩和黏土。在其他地区，在重力和侵蚀作用下，沙土沉降到了坡底，这使得地形变得错综复杂。从气候上看，这个"内陆城市"的位置使它拥有略高的年平均气温，从而让奥比昂成为了一个早熟之地。

风土是一回事，但事在人为，在这方面奥比昂做得很好。历任经营者和管理者都保持了连续性和方向性，他们都着眼于酒庄状况的改善。

最初的成功和声望因归功于邦塔克（Pontac）家族，在大革命之前他们一直是奥比昂的拥有者。该酒庄由让·邦塔克（Jean de Pontac）在1533年建立，但自17世纪所有权到声名显赫的阿诺邦塔克三世（Arnaud III de Pontac）手中时，才开始获得名声。他探索了改善酿酒工艺的方法，并与他的儿子弗朗索瓦-奥古斯特（François-Auguste）一起开辟了英国葡萄酒市场。1660年，地窖总管查尔斯二世（Charles II）证明了这一点，正如日记作家塞缪尔·佩皮斯（Samuel

上图：波尔多最古老的葡萄酒庄之一的门口奥比昂酒庄目中无人的守护狮

Pepys）于1663年写的那样："我喝了一种法国红酒，叫作 Ho Bryan（原文），它味道独特，是我前所未见的。"

大革命后的几年葡萄酒品质不太稳定，但1836年这座酒庄由约瑟夫·尤吉尼·拉合

月（Joseph Eugène Larrieu）购得后，他巩固并发展了该酒庄。在他的领导下，奥比昂威名远扬，成了市场价格的标杆，并于1855年定级为一级酒庄。

目前，酒庄主是美国狄龙（Dillon）家族，自从1935年被克拉伦斯·狄龙（Clarence Dillon）买下后，奥比昂保持了更进一步的连续性。现在由他的外曾孙，卢森堡王子罗伯特（Robert）担任酒庄总经理。后面的几年都被打上了德马斯（Delmas）家族的烙印，

上图：总经理让-菲利普·德马斯和背后曾经在抵御入侵中发挥作用的葡萄园地图

他们可以称得上是维系奥比昂的最大功臣，经营者先后为乔治（1923 年），他的儿子让-伯纳德（1961 年）和另一个儿子让-菲利普（2004 年）。

　　在葡萄栽种与酿造上对新技术和工艺的运用是奥比昂保持领先的另一个原因。在 17 世纪，因为地理位置上濒临波尔多，以及邦塔克家族的地位势力，酒庄得以发展起来。

目前使用的是添桶技术和双输送机液压支架，还有就是用硫对桶进行消毒。对于葡萄园的细心照顾也可能对品质的提高起到了作用。

　　在 1961 年时，奥比昂迈出了"革命性"的一步，引进了不锈钢发酵罐，然后于 1991 年建起一个现代化的酒窖。在葡萄园，从 20 世纪 70 年代起，一个克隆筛选的突破性方案被实施。1988 年至今，让-菲利普·德马斯（Jean-Philippe Delmas）和经验丰富的酒窖主让–菲利普·马斯克列夫（Jean-Philippe Masclef）的团队以及葡萄园经理帕斯卡·巴拉迪（Pascal Baratié）仍在实施这个方案。

顶级佳酿

Château Haut-Brion

优雅作为奥比昂的标志，是其他任何词语都代替不了的，即便在不那么重要的年份依旧显得那么突出（它的一致性令人印象深刻）。单宁的优质和细腻是个例外，还有复杂而和谐的酒香，带着些许烧焦的可可豆和焦糖的气味，以及几乎过熟的浆果特性。混酿中通常包含健康比例的美乐（高达55%），它使酒变得口感平滑、圆润，质地油腻，拥有所有该区葡萄酒的特质。另外还加了赤霞珠（约40%）和品丽珠（10%）。年轻的时候就充满魅力，陈酿后风采依旧不减。葡萄酒的深厚和强劲经常是诱人的。以下是于 2007 年 10 月在奥比昂品尝的。

1982 ★　颜色很好。混杂着细嫩可口的水果、雪松和烟草的复杂芳香。还有天鹅绒般的质地，以及年轻、魅力和巧妙的性格。

1996　带有持久、优质、古典的风格。新鲜，散发着矿物质的味道，带有均衡感。或许在开瓶后缺少一点强烈的气质。

1997　酒的边缘呈砖红色。是一种变种，但仍带着水果香和平衡感。散发着矿物、烟草、红色水果的香气。口感柔和、圆润。

1998 ★　拥有充足的能量和活力。酒色深厚，密度很大。余味隽永，结构完美，新鲜平衡。

1999　色泽年轻。打开后，呈现出朴实和细微的烟熏味。气味丰富，质地精巧，外观稳固。

2000 ★　典型的奥比昂酒：富含丰润的果香和质感以及精巧性。闻起来有雪松和红果的味道。带有精细的单宁以及绵长的持久性。

2001 ★　是一种丰饶的，有吸引力的葡萄酒，储备量仍很大。色泽深厚，质地柔软而丰富，果实华丽，精工细作，含有稳固而精细的单宁。

2002　是 2003 的对立面。稳固，细腻，甚至有点儿干涩。持久而有线性。与 2004 相似但纯净度和精度要差点。

2003　对早熟风土来说是困难的一年。比平时浓度更低，复杂性更差，但单宁仍然优质。还有点甜水果味的芬芳。

2004 ★　优雅的葡萄酒。风格经典、和谐而持久，单宁非常精细。矿物丰富，生气勃勃。通常含有 61% 的美乐。

2005 ★　特殊年份的葡萄酒。含蓄而内敛，带有不可估量的力量和复杂性，天鹅绒般的质地，分层的水果味，单宁强劲而细致。

Le Clarence de Haut-Brion

这是奥比昂副牌酒的新名称。直到 2007 年，它才以巴瀚·奥比昂正牌酒著称。它是奥比昂风格的一面镜子，带有温柔的香气，柔顺的水果味，以及成熟中期的精细的单宁结构。

Château Haut-Brion（干白）

在这里，为数不多的干白葡萄酒带有丰富、饱满、强劲、清晰的性格，至少在年轻酒当中是这样的，长相思在这类酒中占有主导地位。我通常发现期酒比同一类型的拉维尔·奥比昂显得更为丰富，有分量，带有更多的橡木味。至于后者，在 20 世纪末有几年似乎过早地演变了，但近几年品质一直非常好。少部分副牌酒 Les Plantiers de Haut-Brion 于 2009 年更名为克兰特奥比昂（La Clarté de Haut-Brion），但被奥比昂和拉维尔·奥比昂抵制。

奥比昂酒庄概况

总面积：51.22 公顷
葡萄园面积：51.22 公顷（白葡萄 2.87 公顷，红葡萄 48.35 公顷）
产量：9 000 瓶正牌白葡萄酒，120 000 ~ 144 000 瓶正牌红葡萄酒；96 000 ~ 120 000 瓶副牌酒
地址：135 Avenue Jean Jaurès, 33608 Pessac
电话 +33 5 56 00 29 30
网址：www.haut-brion.com

奥比昂使命酒庄（La Mission Haut-Brion）

奥比昂使命酒庄自从 1983 年起归属于美国狄龙家族，他们还拥有街对面的邻居奥比昂酒庄，两座酒庄分享酿酒经验。两座酒庄风格上的巨大差异往往让人感到惊奇，但事实上它们一直如此。

　　使命酒庄的葡萄园大部分坐落于塔朗斯（Talence）市郊，但也有几个与佩萨克附近的奥比昂酒庄交织错落。这里的土地相对平坦，地势比奥比昂更高，土壤也略丰富——同样多碎石，但覆盖更多的黏土和亚沙底土。这使得奥比昂使命酒庄比奥比昂拥有更高的种植密度：10 000 株 / 公顷。

　　近来，葡萄园一再被改种并扩张。大约 2 公顷土地于 1990 年从拉维尔·奥比昂酒庄收回，而与之前的拉图尔·奥比昂酒庄（Château La Tour Haut-Brion）（5 公顷）自2006 年起合并为一。拉维尔·奥比昂分别于1934 年、1960 年和 1961 年进行分割，如今变成了 3 个小酒庄。

　　使命酒庄的名称来自 17 ~ 18 世纪，那时的酒庄为拉泽里特（Lazerite）神父所拥有，也被称作使命集会。他们修建了近来翻新的教堂和酒庄。在大革命时期被没收后，它最终于 1821 年被来自新奥尔良的塞莱斯坦·查佩拉（Célestin Chiapella）购得。他和儿子杰罗姆（Jérôme）一起为酒庄起了名字，改善了葡萄园，建造了围墙，并且修建了铁门，至今仍不需修缮。他们还发展了在美国和英国的葡萄酒市场。

　　从 1884 年起，使命酒庄多次被转手，最终于 1919 年被弗雷德里克·沃尔特纳（Frédéric Woltner）收购。他的儿子亨利

右图：修道院静谧的环境，这里的建筑反映了 18 世纪修道院的起源

如果说奥比昂酒庄是优雅、巧妙、质地精致的象征，那么使命酒庄则代表了强劲与浓度，丰富的果香和单宁使它贴上了阳刚的标签

（Henri）修整了庄园，并进一步提高了它的声誉。自收购以来，使命酒庄实际上生产了4款不同品种的年份酒，分别是1927、1928、1929和1930。自1931年克劳斯·拉维尔（Clos Laville）葡萄园被收购后，两座酒庄合并了。拉维尔-风土·奥比昂酒庄（Château Laville-Terroir du Haut-Brion）于1934年更名为拉维尔·奥比昂酒庄。

　　后沃特纳尔时代逐渐衰落了。人们的投资开始减少，甚至到了新橡木桶都没人要买的地步。自从狄龙家族到来，该酒庄才开始稳步回到正轨。新的不锈钢酒槽于1987年被安放，之后，在2007年，酒库被彻底重新设计，成为拥有新桶（每年80%的新桶）、新装瓶区和仓储区的酒窖。当然，葡萄园仍是重中之重。

顶级佳酿

Château La Mission Haut-Brion

　　如果说奥比昂酒庄是优雅、巧妙、质地精致的象征，那么使命酒庄则代表了强劲与浓度，丰富的果香和单宁使它贴上了阳刚的标签。在特殊的年份（1929年，1955年，1959年，1961年，1978年，1982年，1989年，1990年，2000年，2005年）尤其如此，虽然奥比昂使命酒庄在普通的年份依旧保持着一致性。通常在混酿中美乐的比例非常高，标准为55%，再辅以赤霞珠和至多10%的品丽珠。陈酿潜力至少是30～40年。2007年10月在酒庄举行的关于近几年（1996～2005年）的品尝会显示了该地葡萄酒显著的一致性，只有1997是例外。2000和2005无需多说，是非常优秀的，但我也喜欢芬芳的、带有矿物气息的2004以及粗犷、强健的1998，后者有着独特的雪茄的香气。

左图：葡萄园经理帕斯卡·巴拉迪（Pascal Baratié）和酒窖主管让-菲利普·马斯克列夫（Jean-Philipe Masclef），他们都是酒庄缺一不可的人物

1996 优质，和谐，中等浓郁的葡萄酒。并没有达到最高的深度和强度。如今显得平易近人。

La Chapelle de la Mission Haut-Brion

　　这种使命酒庄的副牌酒诞生于1991年。在此之前，副牌酒由拉图尔·奥比昂酒庄酿造。2006年，拉图尔的葡萄园并入使命酒庄，现在许多产品进入了拉沙佩勒（La Chapelle）。这有助于展现出更优雅、芬芳的格拉夫性格，并带来更大的利益。

Château Laville Haut-Brion

　　这种产量极少而奇贵的干白，自2009年起更名为Château La Mission Haut-Brion blanc.这种葡萄酒在年轻时丰裕而强烈，酸度均衡，散发着柑橘类水果的芬芳，以及香草、橡木的气味。而在晚年，更高的水果纯度则成了主要特征。该葡萄酒的陈酿能力也是一个传说：一些年份酒具有30～40年的陈酿潜力。20世纪90年代中后期（1997～2000年）似乎有些早熟，但问题显然已经解决，2004展现出巅峰的品质。近来，发酵往往从不锈钢罐开始，再转入橡木桶，其中50%是新橡木桶。他们并不采用乳酸发酵，但葡萄酒成熟与搅桶（bâtonnage）一起，都在木桶中完成，成熟期为10个月，之后进行装瓶。

　　2006 ★ 苍白，柠檬色调。绝对精确，持久，线性，纯净。带有柑橘香气，还有淡淡的木香。冷酷，干净，透明的外观。

奥比昂使命酒庄概况

总面积：29.15公顷
葡萄园面积：29.15公顷（白葡萄2.55公顷，红葡萄26.6公顷）
产量：9 000瓶正牌白葡萄酒（拉维尔·奥比昂和修道院红颜容白葡萄酒），48 000～72 000瓶正牌红葡萄酒；48 000～60 000瓶副牌酒
地址：67 Rue Peybouquey, 33400 Talence
电话：+33 5 56 00 29 30
网址：www.mission-haut-brion.com

高柏丽酒庄（Haut-Bailly）

美国银行家罗伯特·G·威尔默（Robert G. Wilmers）和许多新庄主一样，当他决定拥有波尔多的一个庄园时，他就会使自己变得富有起来，并努力使自己在这个领域受到尊敬。"一方面，你必须有勇气；另一方面，你还必须是个梦想家，但我心里有了一点变化，我想走出去摸索世界。"他突发奇想地说道。

探险家的性格使他找到了高柏丽酒庄，在这里他遇到了当时的老板让·桑德斯（Jean Sanders）并被重重打击了一番。高柏丽酒庄绝非处在人们视线之外，它还在继续生产出优雅、酒体浓郁的红葡萄酒，享誉葡萄酒世界。但家族纷争导致 32 公顷的酒庄不得不进行出售，并在 1998 年达成了一项协议。

我可以确定该葡萄酒是一种一致、新鲜、和谐的酒。高柏丽一直坚守风格，每个人都乐于看到它的说到做到

现在的销售水平似乎是天赐的，因为高柏丽不仅站稳了脚跟，还取得了进展，同时保持其标志性的风格。威尔默给酒庄带来了让人放心的平静和金融的安全，并从纽约州布法罗市（Buffalo）带来了商机，而日常管理则交给让·桑德斯能干的孙女维罗尼克（Véronique），她工作十分热情，且具有奉献精神。技术总监加布里埃尔·维亚拉尔（Gabriel Vialard）（先前是史密斯·奥拉菲酒庄的酿酒师）为她提供支持。

微调一直是威尔默时代的花招，它所追求的是葡萄酒的精度和纯度，尤其在 2004 年。对土地的深入研究，可以更好地了解葡萄园，以发现不同土质的细微差别。对可能爆发根瘤蚜的 1907 年前的地块（15 % 的葡萄园混有赤霞珠、美乐、味而多、马贝克和佳美娜）仍妥善保留，但也发现了其他地块，其中最好的只覆盖着 75 厘米的砾石和紧实的黏质底土。栽种密度相当高（对产地来说），为 10 000 株 / 公顷。

一对一的酒庄管理制度相当严格，因此他们对酒槽进行了修改，以容纳更多数量的酒桶。只有一半的葡萄酒用于生产优质酒，而压榨酒被认为太过土气，未能纳入其中。副牌酒 La Parde de Haut-Bailly 占了 30%，其余的则贴上第三种酒标——一般佩萨克-雷奥良酒（Pessac-Léognan）。

顶级佳酿

Château Haut-Bailly

该酒庄只产红葡萄酒，主要含赤霞珠（64 %）、美乐（30 %）和品丽珠（6 %），1907 年前栽种的混合品种通常代表了 20% 的混酿。该区葡萄酒在橡木桶中陈酿，50% ~ 65% 的橡木桶每年更换。我非常有幸年年参与该酒庄的品酒会，可以肯定的是，其葡萄酒一致、新鲜、和谐的特质。高柏丽一直秉承着一贯的风格，从所有者到买家，每个人都喜闻乐见它的言行一致。以下的条目品尝于 2008 年 10 月。

1978（大瓶装） 琥珀色。显然是顶级的陈年酒。散发着富有吸引力的、朴实的、树叶的香味。口感还不错。明显的酸度。脆弱但仍然完整。

1988（大瓶装） 成熟的砖色。持久，线性，含有显著的酸度。风格清浅。发育不甚完全，带有一抹绿色。

1996 ★ 持久而强劲，带有明显的赤霞珠风味。薄荷味，些许温暖。口感激烈，层次分明，清新、持久，带有一定的黑加仑味。

1998 混酿中含有 43% 的美乐，因此风格上

右图：维罗尼克·桑德斯（Véronique Sanders）被明智地选为高柏丽酒庄的继承人，从而延续了家族的辉煌

上图：井井有条的高柏丽酒庄，葡萄园中的玫瑰起到疾病提前预警的作用

相对粗犷。丰满而圆润，带有些许颗粒状单宁。酸度适宜，总体新鲜而持久。

1999 酒体深红色，边缘部分呈砖红色。气味成熟，精细度欠佳。入口从容，表面覆盖干燥的单宁。品尝时处于它的薄弱环节。

2000 ★ 美乐脱颖而出，占据混合物的50%。色泽深厚。气味上相当保守，但最后可以闻到甘草和香料的芬芳。口感充实、饱满而柔和。单宁坚实稳固——这是高柏丽的代表。

2001 ★ 气味相当诱人。果色深厚，甚至如黑加仑一般，带着烟熏味和矿物味的细微差别。比2000有过之而无不及，但甜味更浓，单宁也更精细持久。

2002 是困难之年努力的成果。丰富果香中夹杂着些许烧焦的气味。口感介于清淡与中等浓郁之间，依旧柔软、新鲜、开放。

2003 变化的颜色。复杂性和巧妙性比以往稍有减弱。气味很流行。口感宽广而开放。酸度略低。单宁结实而干燥。

2004[V] 紫色。带有烟熏味和朴实的格拉夫气息，夹杂些许辛辣橡木味。口感柔软，如同在亲吻水果——醇正、新鲜而持久。比2006更显温柔，比2005结构性稍差，但依旧非常精细。

2005 ★ 令人印象深刻的深厚色泽。限量销售但储备充足。成熟、质密，单宁牢固。入口酸度显得新鲜而均衡。是高柏丽中体积比较大的，长途运输不方便。

2006 ★ 深紫色。气味复杂而柔和。酸度清新，果味醇正，酒体致密而新鲜。与2005相比强劲不足但异常细致。风格持久，线性，古典。可以陈酿。

高柏丽酒庄概况

总面积：33公顷
葡萄园面积：31公顷
平均产量：80 000瓶正牌酒；50 000瓶副牌酒
地址：33850 Léognan
电话：+33 10 56 64 75 11
网址：www.chateau-haut-bailly.com

史密斯·奥拉菲酒庄 (Smith Haut Lafitte)

丹尼尔 (Daniel) 和弗洛伦斯·卡蒂亚尔 (Florence Cathiard) 于 1990 年购得了史密斯·奥拉菲酒庄,从那以后,酒庄和酒质都焕然一新。变化随处可见:从翻新的 18 世纪查特修道院到改建的 16 世纪的塔楼,以及酿制干白的新酒槽和酒窖,甚至还有毗邻的酒店水疗中心综合体——雷索斯·考达里酒店 (Les Sources de Caudalie)。葡萄园也一直在进行重建和修复。

史密斯·奥拉菲酒庄的历史可以追溯到 14 世纪,顾名思义,曾经有一个 "盎格鲁-撒克逊人" (Anglo-Saxon) 庄主——英国酒商乔治·史密斯 (George Smith) 于 18 世纪

成了酒庄拥有者。到 19 世纪中叶,酒庄转到了波尔多市长狄福尔-杜博吉尔 (Duffour-Dubergier) 手中。狄福尔被认为是带领该区葡萄酒品质达到优质水平的开拓者。酒商路易斯·埃舍瑙尔 (Louis Eschenauer) 在 1990 年的葡萄酒销售之前获得了该酒庄。在 20 世纪 70 年代,他投入了大量资金,包括建设一个可容纳 2 000 万桶酒的拱形地下酒窖,但该酒庄在当时仍不被看好。

这正是卡蒂亚尔接手该酒庄时的情形。他们做的第一个决定就是结束埃舍瑙尔采用工业方式栽种葡萄的方法。在 1991 年的第一次采收中重新采用手工采摘模式,土壤耕种

下图: 丹尼尔和前奥运滑雪运动员弗洛伦斯·卡蒂亚尔,后者曾为酒庄带来急需的资金和荣耀

也采用人工的方式。史密斯·奥拉菲开始并不重视有机生产，但逐渐慢慢转到这个方向。从1992年起禁止除草剂的使用；自1995年起在对抗葡萄浆果娥的战斗中使用人造费洛蒙；自1997年起，该酒庄开始生产自己的有机化肥。

从20世纪90年代起，移栽的方案在改造后的葡萄园中随处可见。卡蒂亚尔做出了两个重要的决定：掘除了酒店水疗中心约5公顷的地块，将赤霞珠移栽到附近更适合的砾质土壤中；在该酒庄的北区，在黏土中生长困难的赤霞珠都被换成了美乐。想必不用

说也知道，产量大幅降低，如今红酒和白酒的平均产量都只有3 000升/公顷。

酿酒厂也在变化。一个供应史密斯·奥拉菲60%需求量的制桶厂创建于1995年，自2000年开始只剩截短的木桶投入红酒发酵中。1995年创建了一个白酒酒窖，而在之后红酒酒窖也改善了。另外，由于1999年引进的分选台与2009年的激光分选机，收成的季节变得更有选择性了。

卡蒂亚尔等人从葡萄园获得了莫大的安慰，他们不断在冒险，但为了计划的成功，他们也利用了重要的管理技能。他们聘请了

萄酒更为丰盈饱满，橡木和熟透的水果增加了其成熟和更加复杂的性格。向长相思（栽种于20世纪60年代）中添加灰苏维浓（自1993年起），使其带上更浓郁的花香，显得更丰饶、强劲。从2002年起，5%～10%的赛美蓉的添加，赋予了史密斯·奥拉菲干白更复杂的芳香。

2006 ★ 香味复杂，含有梨、柑橘和香草的混合香味。口感圆润，肉质丰富，带有勃艮第的感觉。入口酸味适中。总体味道浓郁，结构并不显松弛。

Château Smith Haut Lafitte（干红）

红葡萄酒花了好些时间才找到合适的配比，但从1995年起表现出了令人欣慰的一致性。混酿中加入55%的赤霞珠、34%的美乐、10%的品丽珠和1%的味而多，从某种程度说，它是一种慷慨的葡萄酒，从年轻时的烤橡木味，到年老时的如格拉夫酒一贯的醇正、矿物气息。20世纪90年代的年份酒也许更为成熟、丰满，美乐的比重很大，但自2003年起赤霞珠的比例一直在增加（2005年和2006年为64%），而味而多的加入则让葡萄酒变得更美妙、新鲜和持久。该区红酒是在60%～80%的新橡木桶中陈酿的。

2004 ★ 深红色。气味成熟而浓郁，有红色和黑色水果的芬芳。口感柔软，但单宁结构细腻，余韵清新。采用集成度良好且上等的橡木。平易近人，可陈酿。

专员（酿酒师法宾·狄特根和顾问米歇尔·罗兰与斯特凡·德勒农古），熟练地进行营销和推广，并执行一个完美商业计划。这是丹尼尔·卡蒂亚尔总结的必胜之道。"这场博弈是关于玻璃瓶中有什么，所以完全没必要过多讨论气候，你只需做最好的酒。"

左图: 史密斯·奥拉菲酒庄与众不同的外观，跳跃的野兔象征着进步中的酒庄

顶级佳酿

Château Smith Haut Lafitte（干白）

在卡蒂亚尔管理下的史密斯·奥拉菲，桶装发酵的白葡萄酒是第一种提高酒庄声誉的酒种，1993获得了特殊的赞誉。与之前的酒相比，该葡

史密斯·奥拉菲酒庄概况

总面积: 120公顷
葡萄园面积: 67公顷（白葡萄11公顷，红葡萄56公顷）
平均产量:（白葡萄酒）33 000瓶正牌酒，12 000瓶副牌酒；（红葡萄酒）120 000瓶正牌酒，78 000瓶副牌酒
地址: 33650 Martillac
电话: +33 5 57 83 11 22
网址: www.smith-haut-lafitte.com

骑士酒庄 (Domaine de Chevalier)

骑士酒庄坐落于景色优美,独立的,平缓起伏的葡萄园中,松林从三面环抱,视野之内看不到一个邻居。限制赤霞珠成熟,容易出现霜冻是它特定的风土,但在人为协助下,它也能够产出独特的葡萄酒。

土壤表面主要为黑色沙砾,下面则是富含铁砂岩的黏土和沙砾的混合土。倘若有个引导员,那么这将成为葡萄栽种良好的根基。排水系统于 1962 年由克劳德·里卡德(Claude Ricard)老板引进,但自 1983 年以来,所有权转入奥利维尔·伯纳德(Olivier Bernard)手中,新举措相继出台。

虽然没有明显的强劲芳香,但该区葡萄酒非常美味和精巧,另外还有特点鲜明的泥土气息、矿物特性和陈酿能力

当伯纳德家族购得骑士酒庄时,酒庄占地面积只有 18 公顷,而此后扩大到 45 公顷。约 5 公顷种植长相思(70%)和赛美蓉(30%)。一个调整种植方案使得种植密度增加到 10 000 株/公顷,把长相思移栽到偏冷地区,而将赤霞珠栽种到更深、更温暖、更多石的土壤中。在易受春季霜冻灾害的地区安装了风机,砍掉长得太近的树木,并引进烟熏炉。

白葡萄酒的酿制达到了一个罕见的精度水准。通过连续的试验,只有金葡萄串得以留下。之后进行葡萄压榨(加入二氧化碳),然后将果汁冷固定。在橡木桶中进行发酵,目前 35% 的木桶每年更换一次(20 世纪 80 年代中期到 90 年代比例为 50%)。葡萄酒要在桶中停留 18 个月,比波尔多其他干白都长。期间增加了重量,深化了纹理,并经历了天然的分选过程。

红葡萄酒则在 1991 年建造的圆形酒窖中酿制。赤霞珠(64%)是主要品种,辅以美乐(30%)、品丽珠(3%)和味而多(3%)。葡萄园中的工作(春耕和可持续的耕作)和受限的产量使最近几年的收获经历了更长的等待期,但产出的也是更成熟的葡萄酒。副牌酒 L'Esprit de Chevalier 和第三等级的酒提供了更大的选择度,而正牌酒只占了不到一半的产量,白葡萄酒情况也是如此。

顶级佳酿

Domaine de Chevalier(干白)

2005 年 4 月在骑士酒庄的盲品会让我得出了关于这种神秘的酒的一些结论。它有着令人难以置信的陈酿能力。酒色保持鲜艳和年轻,同时酒质保持新鲜和矿物气息。五个系列中最年老的当属 1970,该酒活泼、新鲜,随时都可以享用。对于这一时期的酒,我更青睐 1979 ★,同样的新鲜,但更加年轻,带有复杂的柑橘、蜡和杏仁的味道。酸度自始至终维持恒定。10 ~ 15 年后,香味的复杂性会变得更加明显。酒庄一共供应了 26 种酒,一致性很高,即便在所谓的次要年份(petits millésimes)也是如此。后面我主要描述了 1984、1987、1991 和 1999 这四款年份酒,其中 1986 ★ 和 1996 ★令人印象深刻。最后的一个系列是新千年的 2000 ~ 2004 年,其中 2002 ★ 与 2004 ★较为突出——清澈、均衡、和谐,边缘是独特风味的柠檬酸。

2001 ★ 淡柠檬色。精致的柑橘芳香,夹杂着些许蜂蜜和奶油味。口感温而复杂。入口饱满圆润,酸度增强了持久性和精度。醇正透明,带有矿物风味。或许可以陈酿 20 年。

Domaine de Chevalier(干红)

举办于 2005 年 10 月的红酒盲品会我也参加了。在多达 29 种参展的年份酒(1959 ~ 2004)中,我的总体印象是,虽然没有明显的强劲和芳香,但是红葡萄酒有更好的消化性和技巧性,另

上图：骑士酒庄的现代酿酒厂反映出了酒庄对这些佳酿所倾注的心血

外还有独特的朴实和矿物气息，当然还有和白葡萄酒一样的陈酿能力。20 世纪 60 年代的年份酒相对强劲一些，我也更青睐这种酒，尤其是乳脂状强劲的 1961 ★ 与复杂的、带有矿物气息的 1964 ★。70 年代和 80 年代前期的酒稍显薄弱，但是我还是喜欢散发美妙芬芳的 1983 ★，它比 1982 来说要好得多（骑士酒庄在当年受到霜冻侵袭）。1988 显得清淡了一些，但是依旧均衡和谐。1989 则更为健壮。90 年代前期的葡萄酒并未参展，但是 1995 显示出更持久的一致性，它在成熟中逐渐获得水果的深度和纯度。我特别欣赏的是 1999 ★ 的优雅和 2001 ★ 的强劲。

2002 婉约、优雅，带有烟熏味和矿物气息。

重量虽轻，但总体精致、新鲜、均衡。

骑士酒庄概况

总面积：110 公顷
葡萄园面积：45 公顷（白葡萄 5 公顷，红葡萄 40 公顷）
平均产量：（白葡萄酒）15 000 瓶正牌酒，8 000 瓶副牌酒；（红葡萄酒）90 000 瓶正牌酒，70 000 瓶副牌酒
地址：33850 Léognan
电话：+33 5 56 64 16 16
网址：www.domainedechevalier.com

奥索纳酒庄（Ausone）

在《品醇客》（*Decanter*）2009 年波尔多增刊中，奥索纳酒庄被评为之前十年中改善得最好的十个酒庄之一。鉴于该酒庄昂贵的价格和高贵的血统，这对某些人来说可能是件难以理解的事。但看看酒庄所有者兼经理亚兰·沃提耶 (Alan Vauthier) 对酒庄所做的改变，还有如今一致性很高的葡萄酒，你会发现，所有对它的赞誉都是它应得的。

这个 7 公顷大的葡萄园坐落于圣埃米利永的边缘地带，一部分位于石灰岩高地的浅土层中（25%），一部分位于黏土 - 石灰岩山丘中。这与东南朝向以及寒冷的北风的保护一道，形成了该区特殊的风土，但它仍需要养分的补给，更需要投资。

酒庄的名字取自罗马诗人 Ausonius，据说此人在这里拥有一座别墅。从历史上看，该酒庄曾于 16 ~ 18 世纪分别被称作奥索纳，Tour d'Ausone，Cru d'Ausone 和 Cantenats 酒庄，而在 19 世纪初，又回到奥索纳这个名字。1892 年，这座酒庄被 Edouard Dubois 继承，之后由正要结婚的杜宝·夏隆(Dubois-Challon)继承。后者为奥索纳建立了名声，使它成为波尔多最好的酒庄之一，同时收购了隔壁的贝尔艾尔酒庄（Château Belair）[如今被商人让 - 皮埃尔·莫意克（Jean-Pierre Moueix）拥有并更名为宝雅酒庄（Belair-Monange）] 和漠林·圣乔治酒庄（Moulin St-Georges）。

奥索纳转经他的儿子——塞西尔·沃提耶（Cécile Vauthier）和让·杜宝·夏隆。在 20 世纪 20 年代全盛期到来时，酒庄进入了非正常期。但仍有一些品质不错的年份酒，比如 1947、1949、1953、1955、1959 和 1964。从 1974 ~ 1996 年，奥索纳由 Jean Dubois-Challon 的寡妇 Heylette 与沃提耶家族共同管理。双方之间的关系变得异常紧张，投资越来越少。酒的品质依旧不稳定，尤其是 1982 和 1989。

1997 年，当沃提耶家族全权掌管酒庄时，这一切得到了改变，从此亚兰·沃提耶可自行决定酿酒事务。作为一个真诚而有思想的人，沃提耶自 20 世纪 70 年代起就已经在奥索纳酿酒了，只不过一直受到共同所有权的限制。正如他所说："想要酿出美酒佳酿，就必须自由地做决定，否则，你只能酿出和你一样安分的酒。"

葡萄园一直是沃提耶关注的焦点，他为酒庄投入了大量资金，用以提高酒质和一致性。为了降低雨水侵蚀和湿度的影响，葡萄园内安装了排水系统，并覆盖了草皮。不仅如此，还对保留下来的露台围墙进行了重修，复原了一些零散的地块。移走的葡萄藤被重新放回，将近 1 公顷的地块以 12 600 株 / 公顷的密度（其余地块的密度则分别为 6 600/公顷和 8 000 株 / 公顷）栽种于此。奥索纳如今拥有 55% 的品丽珠，沃提耶希望用本酒庄筛选株，在十年内将比例提高到 65%。

他对葡萄园的管理细致入微。为了实现更好的通风并降低产量，脱叶和绿色采收过程有条不紊地进行着，最终将产量降到 3 000 升 / 公顷。他还把注意力放到生态系统上，更多地采用有机和自然动力生产线。"我们冒险地限制了农药喷洒，但必要时，我们也能及时动员人力、物力进行干预。"沃提耶说。

采收程序也做了大幅度调整。在 1995 年前，酒庄雇佣流动工人，对奥索纳和宝雅两个酒庄进行采收，这让选择性采收变得非

右图：自从 1997 年亚兰·沃提耶可以大胆冒险以来，他仿佛已经变了一个人，奥索纳酒庄也随之焕然一新

上图：波琳·沃提耶，她逐步从父亲亚兰手中接过这座波尔多杰出的酒庄，成为新的酒庄掌门人

常困难。如今沃提耶拥有一支 70 人采收团队，全力供职于他所管理的家族酒庄 [奥索纳，漠林·圣乔治，乐琳（Simard）和冯贝勒（Fonbel）]。"对奥索纳进行采收要花上 3 天，但如果只在工作小时内做的话，则要花去 15 天。"沃提耶说道。他为酒庄量身定做的酿酒工序则更进一步，他们先挑选部分葡萄，放入预先冷却的小不锈钢罐（600 升）进行发酵，再转入更大的发酵容器。

葡萄园的投资并不受限制。他们加固了 16 世纪建造的石灰岩酒窖的承重柱，并改善了通风。另外还恢复了 13 世纪礼拜堂，并修缮了这个 19 世纪的酒庄，它可能成为沃提耶今后的住所。

在酒窖中，合理地将传统和现代工艺融合到酿酒中。橡木桶一直在逐步更换，尺寸大小也减小到 5 400 升的规格，他们认为这个大小是葡萄酒酿造的首选。在预冷发酵浸渍后，酒精发酵过程采用淋汁（remontage）和卸载（délestage）的方式进行萃取。酒桶发酵的总周期非常长——长达 5 周。压榨酒从来不用于生产正牌酒。自 1995 年以来，乳酸发酵都在桶中进行，葡萄酒在全新的橡木桶中进行长达 22 个月的陈酿。

同样在 1995 年，一种副牌沙佩勒·奥索纳（Chapelle d'Ausone）被尝试推出，1997 年的产量首次达到最大。如今，这种副牌酒占到了总产量的四分之一；散装批发买卖的第三种酒，占总量的 5%（通常为压榨酒）。自 20 世纪 80 年代以来，优质酒的数量呈现大幅度下降，这可能要归咎于酒的保密性和缺乏宣传。

从 90 年代中期以来，奥索纳从未失足，每年的年份酒都是当年的一个代表。同样，酒价也从低于白马酒庄到高于同一时期的其他酒。酒庄展现出了从未有过的面貌，沃提耶放心地将继承权交给女儿波琳（Pauline），让她承担更重要的角色。

顶级佳酿

Château Ausone

因为年轻时并不出众，起初很难对奥索纳做出评判，但随着时间的推移，它逐渐展示出了永恒的品质和新鲜、优雅。最近的年份酒更为紧涩，且带有更深厚的颜色，更复杂的香气，茂密成熟的果味，以及令人眼花缭乱的纹理。我在 1964 年尝过最古老的奥索纳。2002 依然充满活力，浓缩，保

持青春。接连几年的酒都非常不错，包括 1989 年强劲有力的明星酒。1988 稍微精简而朴素，1990 则温暖而带有南方风味，但不如 1989 那么张扬。1992、1993 和 1994 则令人大为失望，并很可能被历史遗忘。1995 的特点是芬芳、柔软而味浓，与 1996 相比，这年的酒相对早熟，并且有种矿物新鲜感，目前仍有一定的储备。1997 令人印象深刻，新的风格开始显现：色泽深厚，果味富有吸引力，单宁精细，但并不如伟大年份那样强健。1998 ★ 称得上是极品——丰饶、强劲，带有许多精华，新鲜，余味悠长。1999 是诱人的，有些带有成熟的（几近烂熟）的果香，有些又带有烤橡木的味道，需要一点时间来融合。

1982（产量为 30 000 瓶） 砖红色。气味复杂性一般，带有多叶的红色水果和烟熏的气味。相比气味，口感让人印象更深刻——依旧甘甜、成熟、圆润，但带有精细单宁和新鲜的余韵。

2000 ★ 依旧非常年轻。颜色深厚。散发出强烈的深色水果香味，以及辛辣味与檀香味。口感较为致密紧实，但新鲜度不减，余味也非常完美。性格强健而含蓄。

2003 一种丰富、强劲的葡萄酒，具有丰饶、奢侈的风格。颜色为深黑色。气味浓郁，带有深色水果、香料和巧克力的味道。口味甘甜、紧致、华丽，余味新鲜。单宁稳固而自信。

Chapelle d'Ausone

2001 ★ 一种优质水平的优雅葡萄酒。带有李子、樱桃、香料和甘草的香味。不仅有纯果香，还有矿物的鲜味以及持久度。质感可爱，单宁稳固而精细。

奥索纳酒庄概况

总面积：8 公顷
葡萄园面积：7 公顷
平均产量：17 000 瓶正牌酒；6 000 瓶副牌酒
地址：33330 St-Emilion
电话：+33 5 57 24 24 57
网址：www.chateau-ausone.fr

白马酒庄（Cheval Blanc）

这里的葡萄酒就像一个谜，也许这正是它的魅力所在。年轻时成熟、圆润、芬芳，这正是白马酒的品格。白马酒庄平易近人，充满诱惑，让我们想象不到它是一种名酒。然而它有超强的陈酿能力，日益复杂的香气，同时还保留了甜美的品质特征，以及丰满的质地，还有紧致的单宁结构。它确实是绝无仅有的——带有圣埃米利永、波美侯，也许还有点玛歌风味，而这些性格特征来自于独特风土和品丽珠的影响。

该酒庄坐落于圣埃米利永西北角，与波美侯的拉康斯雍酒庄（La Conseillante）和乐王吉酒庄（L'Evangile）只几步之遥。白马酒庄由乐王吉酒庄主人杜卡斯先生（Ducasse）于 19 世纪 30 年代修建，大部分土地是从菲雅克 (Figeac) 处购得的，还有一些小地块从其他地方获得，包括了乐王吉的一部分。到 1870 年，它已经差不多形成了如今的规模，一个重要的排水系统已经建成。所有权转到福可·路沙（Fourcaud-Laussac）家族，而后则在 1998 年被伯纳德·阿尔诺（Bernard Arnault）（2009 年他把股权卖给了 LVMN 集团）和艾伯特·弗雷尔男爵（Albert Frère）购得。皮埃尔·卢顿（Pierre Lurton）依然是经理，他于 1991 年订婚。

在他的主导下，凯斯·范·莱文（Kees Van Leeuwen）在 20 世纪 90 年代早期进行了土壤分析，范·莱文在当时是酒庄技术总监，现在的身份则是葡萄种植顾问。结果显示了该地存在 3 种不同的土壤类型：覆盖在蓝黏土上的砂质黏土 [与柏图斯酒庄（Pétrus）的一样]、砾石土和砂质黏土，比例分别为 40%、40% 和 20%。

令人惊讶的是，在整个庄园都可见到砂质黏土。从品质上看，该区葡萄酒最正规，生产规模小，浆果浓缩，酒体充实，单宁新鲜，类似于波美侯最佳的葡萄酒。砾质土壤为葡萄酒提供了坚实的单宁和复杂的果香，虽然砂质土壤通常看起来太轻，不适于生产优质酒。对葡萄酒来说，品种特点主导了 3 ~ 4 年，而之后主导者变成了土壤。

土壤研究的结果引发了更为彻底的关于葡萄品种的管理方案。占 58% 种植面积的品丽珠一直被视为白马的当家品种，因为它能为白马酒带来芳香和美妙的感觉。似乎从 19 世纪末期就可以在白马找到品丽珠的痕迹了。

目前有 8 公顷的品丽珠种植于 1956 年前，最早的可以追溯到 1920 年。这些悠久的葡萄藤是全面移栽计划的基础，因为商业克隆株往往不尽如人意。自 2000 年以来，品丽珠和美乐已经播种到了黏土和砾石土壤中，密度增加到 7 700 株 / 公顷。

总体而言，近年来葡萄园的整改使之上了不止一层台阶，这里有来自奥索纳酒庄的竞争（从 2005 年起），也有人们的激励。2004 年，酒庄引进顾问丹尼斯·迪布迪厄（Denis Dubourdieu）作为吉勒斯·波凯（Gilles Pauquet）（1985 年起担任顾问）的有力辅助，此外还于 2006 年引进了新葡萄园经理尼古拉斯（Nicolas），他在拉罗克酒庄（Château Laroque）有 10 年的工作经验。葡萄种植技术也进行了广泛的微小调整，如修剪、脱叶、棚高，以及转色期结束时的二次绿色采收。显然，这些都在 2008 年得到了回报。

酿造方法比你想象的更为传统——在这里你看不到微氧化作用。

在葡萄园和酒窖中进行分选后，葡萄在

右图：白马酒庄散发出的严谨、幽静，与它那富有神秘气质的葡萄酒达到了完美的契合

重力作用下被送入水泥大桶。萃取采用循环的方式，但 2008 年在发酵后浸渍时首次停用了该法。乳酸发酵在罐中进行，葡萄酒在全新橡木桶中陈酿 16～18 个月，每 3 个月上架一次。优质酒的理想混酿中品丽珠和美乐各占一半（如 2006 和 2008），但这取决于年份，有时品丽珠可以多一点（如 2000 和 2004），或者美乐可以多一点（2001 比例为 68%）。

副牌小白马（Le Petit Cheval）于 1988 年酿造，它允许筛选系统的存在，但现在它坚持着自己的标准。这意味着总产量 10%～25% 的三等酒卖给了酒商。小白马也在新橡木桶中陈酿，但只维持 10～12 个月。

近期又推出了新的酿酒计划，并且可能于 2011 年付诸实践。这次将再次采用重力给料的方式，以及使用混凝土发酵罐，发酵过程在地下木桶酒窖中进行。一个环保的设计将与周围的环境融为一体。

顶级佳酿

Château Cheval Blanc

我从没尝过顶级陈酿的白马葡萄酒，但浏览 2009 年苏富比（Sotheby）法国葡萄酒拍卖的目录，国际葡萄酒部主管施慧娜（Serena Sutcliffe）的评说令人惊叹。1921 最主要的品质 "是一种甘甜，几乎就像利口酒一样"。1929 产量为 760 升/公顷，酒精度为 14.4%，"带有奶油的余味，以及丝般的柔滑度"。1947 酒精度同样为 14.4%，"带有些许百利甜酒风味的葡萄酒"。1949 产自 2 500 升/公顷的葡萄园，带有 "令人难以置信的水果味，酸度和单宁"。1961 的产量再次降低，只有 1 100 升/公顷，但葡萄酒 "惊人地分层并并足了马力"。

2001 是我的唯一一次深入品尝。20 世纪 70 年代并不被视为白马酒庄的辉煌时期，事实上我觉得 1970 和 1971 疲惫而衰落。1978 出现了一些波动，但仍带有柔软水果的细微差别。1979 的酒不稳定且变化。这十年中最有趣的当属 1975，含有香料、果酱和烟草的复杂香味，口感甘甜而浓郁，带有稳固的雪松余韵。1982 ★ 约 160 000 瓶（是平均水平的两倍），它仍是一种华丽的酒。相比之下，1983 要令人失望得多，酒中单宁异常干燥。1985 则包含典型白马的复杂而浓郁的芬芳。1988 酸度很高，展示出年轻的活力，余味清新。再次品尝 2009 佳酿（大酒瓶装）时，仍会有清新的余味和浓厚的果香。1989 带有李子和葡萄干的香味，以及些许酒精的余香。1990 ★ 充满异国情调，的确是个水果炸弹。1995（皮埃尔第一个佳酿年份）一如既往的浓郁但优美而精致，余韵同样清新。

1998 丰富，带有李子、巧克力和香料的香味。口感丰润，果香丰盈。余味坚实，同时带有吸引人的均衡与新鲜。

2001 散发着浓缩李子和樱桃的香气，夹杂着淡淡的甘草芳香。口感上带有浓郁的果香，但单宁过多。缺少巧妙性。

2004 风格清淡而线性。带有紫罗兰和胡椒的味道。中度浓郁，强烈的酸度使余韵明快干爽。

2006 处在一个尴尬的阶段。深紫色。带有焦糖、橡木的气息。口感甘甜、柔滑，透露出纯果香。适宜的酸度令单宁显得坚实细致。比 2004 更有深度和长度。

2008 ★ 我通常不参加期酒品尝会，但这年的酒让我震撼了，仿佛又品尝到了顶级的白马。气质优雅、芬芳、丰饶、精细、含蓄。小白马 [V] 是我在本年尝过最好的酒。

白马酒庄概况

总面积：37 公顷
葡萄园面积：34 公顷
平均产量：70 000 瓶正牌酒；40 000 瓶副牌酒
地址：33330 St-Emilion
电话：+33 5 57 55 55 55
网址：www.chateau-chevalblanc.com

左图：对待葡萄酒一丝不苟且带有几分俏皮的皮埃尔·卢顿同时负责白马和依奎姆（Yquem）两个酒庄

泰迪罗特博酒庄 （Tertre Roteboeuf）

泰迪罗特博酒庄的建立者弗朗索瓦·米亚维尔（François Mitjavile）是一个激情、好问、达观的人，同时他又是一个很自我的人。小时候的他只是一个城市男孩，但因为其家族与葡萄酒密切相关，他也转变了身份，从商人转为了葡萄种植者，他希望获得独立和心灵上的宁静。在菲雅克酒庄（Château Figeac），两年的学徒生涯给了他一个扎实的底子，1978 年他接管了 3.5 公顷的杜特酒庄（Château du Tertre），这个酒庄后来就不叫这个名字了。

从泰迪罗特博酒庄，可以远眺在圣埃米利永南岸东端的 St-Laurent-des-Combes。它归属于米亚维尔的妻子米露特（Miloute）家族所有，他的妻子一家将这个 18 世纪的酒庄作为度假住宅。1961 年，当她父亲去世时，在贝勒芬酒庄（Château Bellefont-Belcier）的堂弟接管了葡萄园，并将该酒融入他们的标签当中。米亚维尔不得不恢复庄园，重振品牌。

这片土地的风土条件从来不曾受到质疑。"即便是巴黎人，也觉得这是一片伟大的土地，但同时它也是极其脆弱的。"米亚维尔说。该葡萄园坐落于石灰质黏土中，在海岸线的上游，面向东南偏南。它的脆弱使它易受侵蚀，但由于它有天然的排水系统，所以干燥在这里异常罕见。"这是在海边地区最奇特的风土条件，它可以延缓水果掉落的时间，保住鲜味。"米亚维尔补充道。

他还意识到酒庄必须以某种方式运作。"低产量和高运作成本意味着价格低廉的葡萄酒将不在考虑范围之内。我不得不追求卓越

右图：泰迪罗特博酒庄全神贯注的弗朗索瓦·米亚维尔成功实现了个人抱负

泰迪罗特博酒庄的建立者弗朗索瓦·米亚维尔是一个激情、好问、达观的人，同时他又是一个很自我的人。这片土地的风土条件从来不曾受到质疑。"即便是巴黎人，也觉得这是一片伟大的土地，但同时它也是极其脆弱的。"

上图：毫无遮蔽且脆弱的山坡葡萄园，陡峭的山坡可把牛累坏了，累得它们气喘吁吁

的品质，然后高价卖出，倘若不这样我就会倾家荡产。"他解释道。品质问题取决于风土条件和完美的葡萄栽种法。

在葡萄列之间覆盖草皮是抑制葡萄活力和防止雨水侵蚀的好办法。通过对葡萄枝的修剪，他颠覆了成见，摒弃了传统的居由式体系，采用栅栏包围圈。修剪后的葡萄藤低至地面高度，20～30厘米高，可以很好地从土壤中吸取热量，而棚顶进一步加高了1.3米，这样就可以生长出足够大的叶冠，以获得更好的光合作用。

种植密度为5 555株/公顷，这是相当经典的密度。产率很低（2008年为2 000升/公顷，2004年为3 400升/公顷），但米亚维尔并不采用绿色采收的方式，且只是稍微进行了脱叶处理，并反对一味强调实现低产率的做法。

晚采收是该酒庄的一个特点，这也为他赢得了赞誉，但他更喜欢澄清他在这个重要课题上的考量。"有些年头，尤其是困难的那些年，我为了得到成熟的单宁，不得不很晚才采收。但也没像你们想的那么迟，因为美乐（占该酒庄的85%）必须在一天内全部收完，而不能花几天采收。"

晚采收有两个原因：为了浆果成熟和单宁的质量。"一直以来我都非常不喜欢绿色好斗的单宁，对我来说那就像是虚假的音符。"他想要的是紧涩和浓郁芳香的单宁。这意味着应在果皮脆弱的时候及时采收，这样才能保住浆果内丰富的果肉和新鲜度。

由于酿酒方法与葡萄酒风格在他的掌控下变得如此与众不同，米亚维尔觉得是时候给酒庄取个新名字了，于是才有了泰迪罗特博取代了杜特这个名字。罗特博是当地一个古老的俗称（lieux-dits），表示当牛负重奋力爬坡时发出的喘息声。用它当作后缀，以区分圣埃米利永的其他杜特酒庄，另外也含有些许对现状的冷落之意。

米亚维尔产生了一个关于葡萄酒风格的

新想法，他认为柔软、易入口的 70 年代葡萄酒风格是受到当时的酒商和酿酒师的影响。他想要的是具有更多特点、深厚性和风味的葡萄酒，于是他改进了葡萄栽种工艺，同时也整治了地窖工作。"早在 1979 年，我就与酿酒师争论装桶时间，我认为应该延长到 3 周，这样才能得到更多的风味。"

1982 年是第一个合乎他要求的年份，虽然今天看来有些土气。他所采用的是桶中陈酿方式，其中 30% 在旧桶中，到 1985 年（米亚维尔估计第一次酿出了好酒）用了 50% 的新桶，而到 1986 年，新桶数达到了 80%。如今，已经全部采用新桶了。

运用经典循环方式在相对高的发酵温度（30℃～35℃）下于水泥罐中进行发酵，并在相当温和的酒窖（未装空调）中陈酿将近 22 个月，经常进行通风，最初是上架，后来是微氧化作用。"酿酒师的作用就是将酒放在瓶中让它逐步达到最佳的风味。"

这会带来一个风险，因为温度高会造成酸味的普遍偏低（所以有助于酒香和酸度的挥发），但是最终会使年轻的酒带上宝石红的颜色（他反对如今圣埃米利永深蓝色系列酒，甚至反对发酵前冷浸渍），以及相当奇特的、有时是勃艮第式的酒香和风味。这些特点连同其诱人丰盈的浆果、精致的质地一道使泰迪罗特博的酒在年轻时期就展现出了极致的魅力。然而，令一些酒评家感到惊讶的是，这里的酒同样可以轻易地陈酿。

顶级佳酿

Château Tertre Roteboeuf

2008 年总结的下列年份酒为伟大年份酒的奢华本性以及次要年份酒的特征提供了充分的证据。

顶级年份酒至少可以陈酿 20 ～ 25 年。

1981（在罐中陈酿） 砖红色。典型的波尔多风格。带有叶味和烟草味，同时依旧有少量红色果味。口感稍微有些复杂，但甘甜、新鲜，相当精致。可一饮而尽。

1982（在罐和旧桶中陈酿） 带有成熟的砖红色。气味上有红色水果的细微差别，但更多的是松露的气息。单宁很稳固，但是余味却锋芒毕露。

1985 深红色，边缘则为砖色。因为陈酿而令人印象深刻。味道温暖而成熟，类似美乐，但仍带有一些青春的热情。口感柔软、成熟，但结构非常细致。

1987 砖红色色调。散发着美妙的焦土香味，以及些许果香。口感圆润、新鲜、舒适，但余味干燥。很明显相较过去是最好的，但同时也是耐人寻味的年份酒。

1989 ★ 红宝石色。气味成熟、温暖而复杂，夹杂着葡萄干、李子和咖啡的香味。口感充满活力，有果肉香，带有李子和葡萄干的感觉。虽然强劲，但却有着惊人的新鲜度，余味强劲有力。

1990 酒体深红色，边缘则为砖红色。气味丰富、强劲，容易令人兴奋。混杂着果汁、黑加仑、乌梅、甘草以及淡淡的烟叶香气。口感甘爽、柔和、浓郁。质感厚实。属纯粹的享乐主义之选，但是也许比 1989 的后劲稍差。

1997 红宝石色扩散到了边缘。带有魅力的红色水果、醋栗和野味的香气。依旧新鲜而生气勃勃。酒体浓郁而适中，口感丝滑。是一种成功的年份酒。

2001 ★ 红宝石色。带有活泼、辛辣的气味。有勃艮第的风格。口感甘甜，丰润而细腻。质地可爱，单宁精致。整体丰满、强劲而巧妙。

泰迪罗特博酒庄概况

总面积：5.5 公顷
葡萄园面积：5.5 公顷
平均产量：25 000 瓶
地址：33330 St-Laurent-des-Combes
传真：+33 5 57 74 42 11
网址：www.tertre-roteboeuf.com

金钟酒庄（Angélus）

在很多方面，金钟酒庄是现代圣埃米利永的一个符号。这里的葡萄酒色深，丰富而浓郁，品牌实力强。葡萄园和酒窖中的生产工序从 20 世纪 80 年代起就处在前沿水平。1996 年，他们获得了回报，晋升为优质酒庄的一级水准——成为 1955 年分级实施以来第一座升级到一级的酒庄。

在整个 20 世纪中，金钟酒庄都在变化革新。1909 年，莫里斯·伯德 (Maurice de Boüard) 继承了马泽拉酒庄(Château Mazerat)。1921 年，他买下了毗邻的一块 3 公顷大的土地，该土地在当地被称为 L'Angélus，因为在这里可以听到附近 3 个教堂的祷告钟声。第二次世界大战后，他的儿子克里斯蒂安（Christian）和雅克（Jacques）将这块葡萄园合并为 L'Angélus 酒庄（"L" 在 1990 年被去掉），他们还购买了其他土地，山坡上最大的为 3 公顷，是在 1969 年从当时的博塞留贝戈酒庄(Beauséjour-Fagouet)买来的。

1985 年，休伯特·伯德（Hubert de Boüard de Laforest）从父亲和叔叔手中接过这座酒庄的管理权。他出生在这里，于 20 世纪 70 年代在波多尔大学学习酿酒知识，1980 年回到金钟工作。他认为金钟酒庄能成功的灵感来自于 20 世纪 50 年代的葡萄酒。"60 年代和 70 年代的酒风格并不出众，但 1953、1955 和 1959 都是美酒佳酿。"他说。

这座葡萄园坐落于圣埃米利永南向的山坡上，从山上往下葡萄藤逐渐减少，直到附近的博塞留贝戈酒庄。山上的黏土 - 石灰岩土壤主要种植美乐，较低的黏土 - 砂石 - 石灰岩土壤则种植品丽珠。"这里温暖、排水良好

右图：休伯特·伯德，他凭借雄心壮志已经将金钟酒庄带到了圣埃米利永之巅

在很多方面，金钟酒庄是现代圣埃米利永的一个符号。这里的葡萄酒色深，丰富而浓郁，品牌实力强。葡萄园和酒窖中的生产工序从 20 世纪 80 年代起就处在前沿水平

的土壤对品丽珠来说是再理想不过的了。"伯德说。该品种是金钟酒庄的特色之一，占酒庄总产量的47%，同时在混酿酒中占有高达56%的比例。

金钟酒庄的变迁来自葡萄园的变化。伯德是最先使用创新做法的种植者之一，到20世纪80年代末，他已经减少了化肥的使用，在几个地块覆盖了草皮，增大了叶冠面积，并采用绿色采收来控制产率。晚收成和成熟一直是酒庄的两个特点。伯德认为，品丽珠不能在太过成熟的时候采收，而美乐在过熟的时候也会变得沉重、粗糙。现在，他承认如果采摘提早一点，1990年的葡萄酒可以更好的。

葡萄园中的经验被复制到了酒窖中。所有一切都在尝试中，各种酿酒方式都用到了，从对橡木、不锈钢和混凝土大桶的选择中可见一斑。分选过程一丝不苟，压碎的葡萄经由传输机进入发酵罐。冷预发酵浸渍温度设定为8℃，踩皮、循环和卸载都是可能用到的酿酒技术。在这期间，可能用到微氧化作用，但并不经常使用，因为伯德认为这有一定危险性。在1993年、1994年和1995年尝试了用反渗透进行浓缩，但之后就再没使用过了。

葡萄酒应尽早入桶，这是80年代前期伯德在勃艮第的拉芳酒庄使用的一项技术，在酒槽中陈酿也是他的一项专利。他认为这可以带给酒独特的颜色和丰满复杂的香气。金钟酒庄只采用新橡木桶，葡萄酒在酒槽中陈酿了8个月，然后到首次上架，整个成熟期要耗费18～22个月。

金钟酒庄是圣埃米利永地区一个非常现代的酒庄。也许有人会认为这里酒的力度和浓度显得过头了，但同时它的精度和强度都不可否认地让人印象深刻。

顶级佳酿

Château Angélus

我在2001年品尝过这座酒庄两种悠久的葡萄酒——1966和1976，发现它们都是超越前几年的佳酿。1985表现也非常良好，依旧带有表现力十足的水果味。1990则是异常成熟的，充满异域情调的酒，它带有李子、葡萄干和糖渍水果的风味，故能脱颖而出。1992展示了葡萄园中工作的成果，但可能已经到达了极限。1993和1994给我留下的印象并不深刻。1995带有奶油和奢华的个性，同时还富含水果香味。1996对原料的选择非常严格，该年份酒富含精细的单宁、矿物，以及赤霞珠风格的深色水果、香料和薄荷的香味。1998的主导者是美乐，含有李子和松露以及其他美味水果的香味。1999年，金钟遭遇了冰雹袭击，收获期比原计划提前了8～10天，结果该年的酒带有更多的带刺水果的香气，浓度尚佳，单宁稍多。

2000 深色。酒体丰富，散发着深色水果、香料、雪茄的气味。口感紧致浓缩，但新鲜度和持久性不减。单宁结构稳固。仍然需要陈酿。

2001 深色。酒体丰富而充盈，但比2000更平易近人。带有李子和无花果香。口感圆润爽滑。单宁稳固而粗糙。

2004 深紫色。强劲而不失魅力。酒香馥郁，含有香料和深色水果的香味。质感可爱，水果味浓郁，新鲜均衡，余味持久。

金钟酒庄概况

总面积：33公顷
葡萄园面积：32公顷（23.5公顷生产正牌酒）
平均产量：90 000瓶正牌酒；20 000瓶副牌酒
地址：33330 St-Emilion
电话：+33 5 57 24 71 39
网址：www.chateau-angelus.com

柏菲酒庄（Pavie）

如果要在波尔多找出一种有争议的葡萄酒和一个有争议的人，那么柏菲酒庄和庄主杰拉德·佩斯（Gérard Perse）再合适不过了。柏菲最典型的浓缩风格得到了一些人的赞誉，同时也为另一些人所不齿。但是佩斯意识到，自大将引发众怒。自从佩斯在 1998 年收购柏菲，我认为十年来这里的葡萄酒绝对算得上佳酿，虽然有时也走极端，但是近年来更多的是它令人艳美的魅力。正如佩斯身上带刺的性格一样：某种程度上它与佩斯对完美永无止境的追求是联系在一起的。"柏菲是一种美酒，但这还不是我想要的柏菲。"当我在写作这本书的时候，他这么对我说。

有一件事是肯定的，那就是柏菲拥有极好的风土条件，所有居住在圣埃米利永的人都承认这一点。这座酒庄很大，有 40 公顷，葡萄园分布在 3 个区。其中 15 公顷种植区处于黏土-石灰岩高地上，占据着最高点。山上土层很薄，因为地形曲折回绕，所有暴露在外的地面只有东边和西边两块。在山坡上的葡萄园都是朝南的，且土壤中黏土比例比山顶高。最后，山脚下有一块沙质黏土区。

佩斯，这个自力更生由超市发家的人，当他于 1993 年听说柏菲酒庄正在出售时，已经拥有蒙伯斯奇酒庄（Château Monbousquet）。"我毫不犹豫，和银行家、业主见了一面，就在一天内做出了决定。"他回忆道。瓦莱特（Valette）家族内的利益冲突促成了这笔交易。20 世纪 60 ~ 70 年代的葡萄园非常落魄，虽然在 80 年代有所改善，但是仍留下很大的进步空间。

葡萄园内多达 25% 的葡萄藤不知去向，这引发了大规模的移栽和架棚，至今仍在进行。如今，各种品种的比例已变为 30% 的品丽珠，10% 的赤霞珠和 60% 的美乐。"我最

上图：这个标志说明这是一块公认的顶级沃土，这里有一面朝南的富含黏土的山坡

终的目标是前两者和美乐各占一半江山，这需要我付出更多的努力。"佩斯说。

2001 年，法定产区管理局（INAO）准许柏菲酒庄修改种植面积。佩斯又获得了拉·克鲁斯瑞（La Clusière）和柏菲·德凯斯（Pavie Decesse）两个酒庄，其面积分别为 2.5 公顷和 9 公顷，分别坐落于山坡上和山顶。他被获准将后者的 6.5 公顷地并入柏菲。作为补偿，柏菲在西马德（Simard）的 6 公顷沙质土壤区的略地被解禁了。2002 年诞生了酒庄的新布局。

佩斯说，柏菲酒庄是一个晚熟区，为了获得成熟的酒，他们必须接受低产率。脱叶和绿色采收——他最先用在蒙伯斯奇酒庄的

技术很系统化，产率维持在 3 000 升 / 公顷左右。浓度也是佩斯强调的。"波尔多的美酒佳酿首先应该具备长期陈酿的潜力，因此你必须在瓶中灌入成熟的酒。我尝过 1929 年的柏菲，味道非常棒，我希望 2005 年的酒也能如 60 年前一样出色。"

当时的酿酒设施并不合他的胃口，于是他一开始就进行了改良。新的酒槽取代了 1923 年造的旧酒槽，20 个温控橡木桶取代了 3 万升的混凝土罐。我想，一次性投入这么多新桶足以让 1998 年的首秀显得格外耀眼，如今产出的都是浓缩而干燥的酒。他还觉得建造在石灰岩坡上的旧酒窖太过阴冷潮湿，故而抛弃了它，在新酒槽旁边建了一个新酒窖。

酿酒技术则是最新的技术。在分选和筛选后，葡萄在重力作用下被输送进橡木桶中，如果必要的话，将进一步浓缩果汁。首先进行冷预发酵浸渍，萃取同样采用了踩皮和循环的方式。在这之后，葡萄酒直接进入桶中进行乳酸发酵，然后在酒槽中陈化，每 3~5 个月进行一次上架。整个成熟期持续了 18~24 个月。

佩斯并没有止步不前，在最近对他的访问中，我得知他下一项计划是在 2012 年完成酿酒厂综合体的建设。该计划包括了一个可以俯瞰所有葡萄藤的 600 平方米的功能室、一个品酒室、额外的地窖和储藏间，所有这些都位于酿酒大楼内。这个想法雄心勃勃，但不可避免受到非议，因此各方的反应很可能又是各执一词的。

左图：完美主义者杰拉德·佩斯，他不惜一切代价生产出了与柏菲庄园伟大历史相符的葡萄酒

顶级佳酿

Château Pavie

目前，柏菲混酿酒中大约比例为美乐 70%，品丽珠 20%，赤霞珠 10%。我在巴黎从 1998 ~ 2009 年每年的 3 月品尝了当年的葡萄酒，发现 2005 的酿酒过程更为挑剔。1998 似乎萃取过度了，且带有显著的橡木味（正如之前提到的，使用 20 个全新橡木桶发酵或许可以说明这一点）。1999 不断地发展，甘甜爽口，但带有些许叶味——这是艰难之年的反映。2000 产量丰富，甘甜而稳固，但有些过熟（*surmaturité*）。低酸度则增强了酒的厚重感。2001 非常成熟而饱满，带有李子和巧克力的香味，以及稳固的单宁结构。2002 与之前相比稍显清淡，质地也比较柔和，还带有红色水果的香味。2003 被冠以柔滑、圆润、甘甜的标签，复杂性也稍差，余味有些单宁的紧涩味。2004 质地丰盈，带有橡木味。2005 是一种佳酿，酒香复杂，质地完美，带有无尽的深度，同时平衡感也非常棒。2006 丰富而结构完整，但稍显朴素。2007 是美味的柏菲，风格上更具前瞻性，香味更浓，也更和谐。2008 显示出了酒的强劲和果香的浓厚，而同时也展现出了均衡感和持久性。

1998 红宝石色。强劲有力，带有沉重的萃取物和明显的橡木味。余味干燥。

2001 强劲的酒。气味非常成熟，散发着李子和巧克力的味道。口感饱满丰富而稳固。单宁结构强健。

2006 深胭脂紫色。带有复杂、辛辣、深色水果的香味。口感丰富，完美，并且含有新鲜的酸度。结构坚强有力，略显朴素。可以长久陈酿。

柏菲酒庄概况

总面积：40 公顷
葡萄园面积：37 公顷
产量：80 000 ~ 96 000 瓶正牌酒；35 000 ~ 50 000 瓶副牌酒
地址：33330 St-Emilion
电话：+33 5 57 55 43 43
网址：www.vignoblesperse.com

卓龙梦特酒庄 (Troplong Mondot)

克里斯汀·瓦莱特-帕瑞特（Christine Valette-Pariente）在 2006 年实现了她的目标，卓龙梦特晋升为圣埃米利永地区的一级特等酒庄。这花了她 26 年的时间，在此期间她策划了一场葡萄酒品质和风格的变革。

该酒庄位于圣埃米利永的最高点，因为有个极其难看的白色水塔（当地政府所有），所以从远处清晰可见其轮廓，在那里可以俯瞰富有魅力的 18 世纪酒庄。自从梦特酒庄的庄主雷蒙德·卓龙（Raymond Troplong）于 19 世纪 50 年代创建庄园以来，葡萄园面积（33 公顷）一直维持不变。卓龙二字是他的侄子，也是继承者爱德华（Edouard）添加上去的。1921 年，比利时商人乔治·提邦（Georges Thienpont）买下了酒庄，而后于 20 世纪 30 年代卖给了瓦莱特-帕瑞特的曾祖父亚历山大。

1980 年，酒庄遇到了前所未有的困难，瓦莱特-帕瑞特听取了酿酒顾问米歇尔·罗兰的意见，坚信卓龙梦特可以达到更高的高度。葡萄园位于黏土 - 石灰岩高地上，其中某些地块是重黏土，而靠近老托特酒庄（Château Trottevieille）的地块则覆盖着薄层的土。这里的风土条件适合晚熟，瓦莱特-帕瑞特最先采取的步骤就是晚采收，同时不追求高产率。这个政策一直持续下去。2008 年 9 月开始种植美乐，平均产率为 3 400 升 / 公顷。1985 年副牌酒的引入也是重要的改革之一。"这是合理的变动，因为这意味着酒庄的品质将会发生改变。"瓦莱特-帕瑞特说。

她的丈夫塞维尔·帕瑞特从 1990 年起参与了酒庄的管理，并继续对酒庄进行微小整

右图：克里斯汀·瓦莱特-帕瑞特和泽维尔·帕瑞特（Xavier Pariente），他们在 2006 年为卓龙梦特酒庄赢得了一级特等酒庄的称号

克里斯汀·瓦莱特-帕瑞特（Christine Valette-Pariente）在 2006 年实现了她的目标，卓龙梦特晋升为圣埃米利永地区的一级特等酒庄。这花了她 26 年的时间，在此期间她策划了一场葡萄酒品质和风格的变革

改。新卓龙梦特的风格如今明显可见：年轻时颜色深厚，酒体丰盈，浓缩度高，强健有力，结构完整，并且需要 1 年的贮存时间。

还有一些葡萄藤可以追溯到 1926 年、1947 年和 1948 年，但如今的葡萄园在 20 世纪末和 21 世纪初的稳定移栽后，平均年龄都在 35 年左右。现在的葡萄园面积仅剩 22 公顷。美乐是目前的明星品种，占总种植面积的 90% 之多，而在混酿中也差不多是这个比例。品丽珠和赤霞珠各占了余下的 5%。"2010 年，我们本想将老托特酒庄边的一些美乐地改种品丽珠，但考虑到我们不愿让品丽珠和赤霞珠的比例超过 15%，所以这个想法就告吹了。"帕瑞特说道。

他们同时不断对酒窖进行投资，分别在 1990 年和 2008 年更换了新酒槽（新不锈钢桶和一间乳酸发酵房），并于 2003 年翻新了酒桶和地窖。酿酒借助了如冷预发酵浸渍或微氧化之类的现代技术，但并不系统。乳酸发酵是在木桶中进行的，葡萄酒在 75% ~ 100% 的新橡木桶中陈酿 14 ~ 22 个月，并在必要时使用传统的上架方式。

顶级佳酿

Château Troplong Mondot

这里的葡萄酒必须是丰富而强劲的，但同时还带有均衡的新鲜感，由于风土条件的影响，2000 年后水果纯度更纯了。我发现 1985 新鲜而持久，但芳香度欠佳，也许是氧化的缘故吧。1989 丰富而成熟，低酸度使它变得甘甜，浓郁而沉重。1998 绝对是一流的，强劲而稳定。1999 则区别较小，略带棱角的单宁。2000 强劲而浓郁，带有丰富的果香和强健的单宁结构。2001 同样丰富，稳固，但多了一些魅力。2002 值得称赞，温柔而辛香。2003 更加厚实，宽广而圆润，带有颗粒状的单宁，但余韵清新不减。2004 展示出了更多的温柔气质。2009 年品尝了 2008 年的桶装酒样本，发现这一年的酒极具潜力，有深度，丰富，充满异域情调，同时带有完美的均衡感。

1995 酒体深色，边缘带有些许砖色。带有雪松、糖渍水果和矿物的吸引人的香气。口感丰富而平衡，单宁精细而稳固，余韵清新自然。

2003 红宝石色。带有更多法国南方的风格。散发李子和葡萄干的香气。口感圆润，比 1995 稍显单调，但均衡感很好。可感觉到颗粒中的单宁。

2005 丰富饱满，强劲有力，储量丰富。带有稳固的单宁结构，目前还在售卖初期。酒体呈深色，余韵带有橡木的辛香。

2006 浓缩、紧涩、内敛的气质。储量同样丰富，质地充实，结构稳固，芳香持久。适宜的酸度增加了矿物味和新鲜的余韵。

左图：虽然有过一场关于葡萄酒品质的革命，在 18 世纪，绝大多数酒庄都保持了原样

卓龙梦特酒庄概况

总面积：33 公顷
葡萄园面积：22 公顷
产量：65 000 ~ 80 000 瓶正牌酒；10 000 ~ 30 000 瓶副牌酒
地址：33330 St-Emilion
电话：+33 5 57 55 32 05
网址：www.chateau-troplong-mondot.com

瓦兰德鲁酒庄（Valandraud）

我不认为当地人会为让-吕克·图内文（Jean-Luc Thunevin）树立一座丰碑，但他在圣埃米利永历史上的地位是毋庸置疑的。虽然资源有限，葡萄园也并不著名，但在尽可能做最好的酒的欲望驱使下，他在1991年不经意地发动了车库运动。他万万没想到这会引发波尔多的大变革，在后来的20年内他会成为圣埃米利永10公顷葡萄园的主人，瓦兰德鲁会成为一个如此出名但备受争议的名字。

当过咖啡馆老板、音乐节目主持人、银行业务员的图内文出生于阿尔及利亚，他于20世纪80年代在圣埃米利永找到了工作。他依然从事着的酒商职业成了他事业的基石，他和他的妻子米里耶勒（Murielle）（是他成功事业的一部分）在圣埃米利永周边的一个小山谷中买下了一块0.6公顷大的土地，在另外一处买下了一块1.2公顷的平地。"我们有许多种植美乐的土地，但经济有限，且基本上没有任何设备，不过我们希望能酿出带有现代风格的佳酿，里鹏酒庄（Le Pin）、泰迪罗特博酒庄（Tertre Roteboeuf）和高美必泽酒庄（Haut-Marbuzet）都是我们的参照。"图内文说道。

第一年只生产了1 280瓶葡萄酒，瓦兰德鲁（Valandraud）这个名称是vallon(山谷)的val和米里耶勒的姓氏Andraud的复合体。冰霜蹂躏了葡萄园，图内文用绿色采收的方法从剩下的葡萄中挑出比较好的。酿酒房最先设在一个小房间，其后在一个车间，这个车间距他们在圣埃米利永的住所并不远。他们采用人工除梗，因为他们没有除梗机。还雇人踩皮，因为没有泵。然而，他们还是把资金投在了用于乳酸发酵的新橡木桶（这在当时是创新之举）和陈酿上。随后，车库酒诞生了。

1992年成交量增加到4 500瓶，而以他女儿命名的副牌酒——瓦朗德鲁维治尼干红（Virginie de Valandraud）增加到了12 000瓶。这一年降雨量庞大，但图内文和他的妻子耗费大量时间在脱叶和削薄叶片上，最后产量降到了3 000升/公顷。结果，这年的酒成了当年所有酒中的佼佼者，好评如潮而至。当图内文在波尔多葡萄酒市场上以与拉斐特、玛歌和木桐相同的价格售卖时，瓦朗德鲁的关注度进一步攀升了。

酒庄的葡萄酒、酿酒技术、价格以及十足的势头都对波尔多未来的几年产生了影响。其他车库葡萄酒也一一登场。2000年之前的几年，当瓦朗德鲁的酒价超过了梅多克一级酒庄时，人们开始动起了投机的念想。波尔多当局对此心怀抱怨。但有人对图内文的方法和大胆创新大加称赞，并开始检讨自己庄园的栽种和酿酒方法。"他唤醒了我们，并帮助重振波尔多。"靓茨伯酒庄的让-米歇尔·卡兹林奇（Jean-Michel Cazes）在2007年说道。

但葡萄酒本身却一直存在分歧：对有些人来说会有些难以接受，但也有一些人认为其是现代酒成熟与深度的大胆展示。图内文的个人爱好丰富多彩，而这在许多年份酒中也得到了体现。1995主要产自一块砾质土壤，包含了一定比例的品丽珠。2007展示出了新鲜、均衡以及柔和的质地。1998则提升了一个档次，不但具有强劲和浓度，同样具备了顶级佳酿的复杂独特，酒的结构紧涩，易于陈酿。

如今，图内文经营的酒庄相较1991年的工艺构造要逊色一些。目前在酒庄周围零零散散分布着24公顷的土地，其中有3块用

来酿酒。不同的土地根据不同年份选择种植不同的品种，但着眼于最终的分级，如今的瓦朗德鲁主要是由 1999 年在圣–艾蒂安–里沙（St-Etienne-de-Lisse，之前被称为 Bel-Air-Ouÿ 酒庄）买下的 8 公顷酒庄和方嘉宝山谷（the vallon of Fongaban）中筛选出来的。瓦朗德鲁维治尼干红（目前平均年产 30 000 瓶）也出自筛选的土地，因此不再被视为副牌。的确，在某些年份比如 2008 年，它的品质已经接近瓦朗德鲁了。瓦朗德鲁白葡萄酒（Blanc de Valandraud）于 2003 年投入生产。

葡萄园的工作依然精细如前，为了达到完美的成熟，他们延后了收获期，尤其对于圣–艾蒂安–里沙的黏质 - 石灰岩土壤中晚熟的品种。2008 年，这里的美乐在 10 月 15 日至 20 日采收，这比其他标准都要晚一些。葡萄酒酿造技术融合了传统与现代。先通过浓缩果汁，然后进行冷预发酵浸渍。在酒精发酵中也同样用到了踩皮和循环技术。对于瓦朗德鲁与瓦朗德鲁维治尼干红的乳酸发酵和成熟过程都在全新的橡木桶中进行，必要时也会进行经典的上架，然后在装罐前进行最后的混合。

车库运动或许已呈现颓势，但瓦朗德鲁仍然是一个醒目的品牌。但价格方面已不像前几年那么强势，而且往往随年份起伏不定（2005 的出口价为 165 欧元，但 2004 仅为 75 欧元）。分级当然会是最后的仪式，但这个圣埃米利永的"坏小子"会不会就此罢休呢？

左图：让–吕克（Jean-Luc）和米里耶勒·图内文（Murielle Thunevin），他俩都参与且推动了波尔多最杰出的新型葡萄酒的缔造和发展

顶级佳酿

Château Valandraud

瓦兰德鲁的经典混合比例是：美乐占 70%，品丽珠占 30%，偶尔夹杂着少量的赤霞珠。

2001 深色而鲜艳。气味具有深度和强度：带有深色水果和些许樱桃核的香味，或许还有些朴素。口感圆润，讨人喜欢，入口时酒香浓郁，而后可以闻到爽快的酸味。单宁成熟而丰满。这一年既重实质又重气质，总体优于 2000 年份酒。

2003 深色。带有成熟的水果香以及巧克力、橡木的气味。口感圆润、柔滑，不乏新鲜感，余味中带有些许颗粒状单宁的口感。非常平易近人，但却丢失了该年软弱、易熟的天性。

Virginie de Valandraud

2005 副牌呈暗紫红宝石色。带有辛辣、巧克力、橡木的芳香，随之则是妖娆的果香。口感甘甜、成熟，同时带有均衡的新鲜感和非常精细的单宁。风格很现代，结构很完整，橡木味仍存在，因此和该年大多数葡萄酒一样，这种副牌酒也需要陈酿。

瓦兰德鲁酒庄概况

总面积：10 公顷
葡萄园面积：10 公顷
平均产量：15 000 瓶
地址：BP88, 6 Rue Guadet, 33330 St-Emilion
电话：+33 5 57 55 09 13
网址：www.thunevin.com

拉弗尔酒庄（Lafleur）

毫无疑问，拉弗尔葡萄酒是波尔多最好的葡萄酒之一，但是我可以草率地宣称它是波美侯产区最好的品种吗？老藤葡萄酒具有传奇色彩，这些酒自从 1982 年以来一直被生产，这里的葡萄园声称由葡萄栽培学家的主人打造，有点像一座花园。柏图斯酒庄看起来是唯一的对手，确定处于二级市场。现在的问题主要是，拉弗尔酒的珍贵以及很少有人有机会去品尝它。

拉弗尔酒庄证明了有威望的波尔多酒庄是富有考究和有时冷漠的物主的独占品这个观点的错误性。雅克（Jacques）和西尔维·格维诺德（Sylvie Guinaudeau）的儿子巴普提斯特 (Baptiste) 和他的同事朱莉·格雷西克（Julie Gresiak），一整年在葡萄园工作并且对这里的风土有深刻的认识。"我们是有着自己方式的农民，我们的目标是去引导而不是去支配葡萄藤。"巴普提斯特解释道。他们最大的财产是一块坐落于波美侯更高高原的陆地，它被柏图斯酒庄、柏图斯之花酒庄（La Fleur-Petrus）、乐凯酒庄 (Le Gay)、奥萨娜酒庄 (Hosanna) 以及威登酒庄 (Vieux Château Certan) 围绕。

这座 4.5 公顷的葡萄园是矩形的，在东南角有黏土和优质的沙砾石，在西南角也有黏土。它处于南部区域，品丽珠（葡萄藤的 50%）的大部分种植于此。西南角有沙砾和黏土，类似于卓龙酒庄和里鹏酒庄的土壤，而东南有沙子和沙砾石。正是土壤的混合有助于提高拉弗尔葡萄酒的复杂度和结构。此外，中心有更深的淤泥和沙子构成的新月形地带，被用于生产副牌酒拉弗尔箴言 (Pensees de Lafleur)。

巴普提斯特的太祖父亨利·葛列路 (Henri Greloud) 于 1872 年收购了这片土地。当时他已经是邻近的乐凯酒庄的主人，他决定创建分立的酒庄，命名新酒庄为拉弗尔酒庄。房屋和酒窖被建造（拜访者在乐凯酒庄接收），一个跨越了现在叫做柏图斯之花的相同的建筑也一起被建造。

葛列路的儿子查尔斯（Charles）在 1888 年继承了酒庄的产权，此后被一个远亲安德烈·罗宾（Andre Robin）于 1915 年收购。他的女儿玛丽（Marie）和特雷泽（Therese）于 1946 年继承了拉弗尔酒庄和乐凯酒庄的财产。拉弗尔酒庄已经有一定的声誉，但是在这两姐妹 38 年的执掌下生产的葡萄酒（1947，1950，1955，1966，1975，1979）使它具有国际性的声誉。

这两姐妹从未结婚，在 1984 年特雷泽去世了，因此玛丽把葡萄园出租给了她的远房堂兄雅克·格维诺德（Jacques Guinaudeau）。他已经经营着家族酒庄——名城酒庄（超级波尔多），所以他有葡萄种植的基础。J-P 莫意克（Moueix）集团的让-克劳德·贝鲁埃（Jean-Claude Berrouet）监管着 1982 年、1983 年以及 1984 年出产的葡萄酒，但是雅克和西尔维·格维诺德自 1985 年以来已经开始酿造葡萄酒。玛丽 2001 年去世后，格维诺德提升了资本以便完全收购这座酒庄，同时巴普提斯特和朱莉也加入到格维诺德的阵营中。

巴普提斯特把格维诺德时代分为 3 个时期。"当我的父母接管的时候，葡萄园中什么事也没有做，这样持续了将近 40 年。所以在 1985 ~ 1990 年他们重新种植了 8 000 株葡萄藤，修正了土壤的酸碱值，改善了栽培条件，同时在排水系统上进行了投入。"葡萄园

右图：雅克·格维诺德，对细节的关注使得酒庄的葡萄酒品质一再提升

拉弗尔酒庄（Lafleur）

中仅 10% 的葡萄藤早于 1956 霜冻时期被种植，剩余的都在那之后不久被种植，格维诺德重新种植了两块微小的土地，但是很大程度上依赖移植技术。新的品丽珠植株来自他们自己的质量选择。在这期间的葡萄藤是独一无二的。

格维诺德执掌的第二阶段用于研究土壤性质，管理年轻的葡萄藤以及解决产量问题。"我们始终对每个葡萄藤的产量更感兴趣，但是每年的平均产量大约是 3 800 升 / 公顷，尽管 2005 ~ 2008 年的葡萄产量已经更低，为 3 200 升 / 公顷。"巴普提斯特说道。酒庄的小规模和在拉弗尔酒庄、名城酒庄流动的稳定的劳动力使得单个的葡萄藤受益于非同寻常的护理和关注。第三个周期开始于 20 世纪 90 年代末，那时葡萄园最终处于平衡中，同时人们获得了经验和知识。

这很明显是在葡萄园酿造的葡萄酒，葡萄酿造技术通过一种巧妙的手段实现。对于每一块土地的收获日期都给予了精心的考虑，并且混酿的决策主要在葡萄园被确定，因为仅有 7 个葡萄酿造槽。筛选也在葡萄园进行，分类桌因为它们的缺乏而得到特别的注意。在酒窖中，葡萄被去梗，轻微地捣碎并且放置在温控的凝固槽中。"我们可能增加酵母，但是我们避免长时间的浸渍，这种想法使得葡萄藤控制着提取物。"巴普提斯特解释道。

桶中的苹果酸 - 乳酸发酵在 1991 年被引进。仅 40% 的新橡木桶被用于葡萄酒的陈酿，而且这些都是在名城酒庄被白葡萄酒浸湿过的。混酿技术很早被实施，最终的优质葡萄酒和副牌酒的混酿在 2 月底完成。葡萄酒将继续陈酿 15 个月。每 3 ~ 4 个月上架一次，并且在装瓶之前用鸡蛋清澄清。

下图：雅克和西尔维·格维诺德，还有他们的儿子巴普提斯特以及朱莉·格雷西克，在他们倾注一切努力的葡萄园中

上图: 在拉弗尔具有吸引力的 19 世纪的现代建筑，它还有一个双胞胎姐妹柏图斯之花酒庄

顶级佳酿

Château Lafleur

拉弗尔正牌酒的特点之一是混酿中高比例的品丽珠——平均 40%，剩余的是美乐。这些提供了葡萄酒的复杂度和源于土壤的标志性的矿物味。2005 年 10 月在名城酒庄对拉弗尔正牌酒的品尝给了我机会去鉴赏自 1986 年以来葡萄酒的持久性和强度。大部分的陈酿潜力是惊人的，瓶中酒需要时间去陈酿。1986 有成熟的松露和烟草气味，口感还是饱满且牢固的，建立在强劲的鞣质结构上。1988 是优质的，有轻微的干涩感，有许多矿物质鲜味和悠长的余味。1989 ★ 是强劲的、沉稳的和强烈的，有李子和无花果的成熟感，口感饱满，有很大的深度和强度，能再陈酿 20 年。复杂的，具有贵族气质的 1995 ★ 有强烈的味道，强劲的结构和余味长度。1996 看起来更单调和干涩，有矿物味涌现出来。1998 具有相当明显的巧克力和黑加仑味，口感圆滑且具有矿物味，鞣质结构也许比我认为的有更小的强度。1999 在困难的一年有不寻常的强度和浓度，鞣质钢铁般牢固。2000 ★ 有伟大一年的强度、浓度和复杂度，气味成熟且具有异域风情，口感饱满，有出色的分层果香并且有令人惊讶的余味长度和新鲜感。2001 ★ 具有相同的气质，强劲且有力的，有成熟的果香但还是完全封闭的。2002 是更单调且有点干涩的，但是经典、和

谐且聚集的。2003 是相反的——开放且华而不实的，圆滑且成熟，但是一缕新鲜感提升了它的品质。

2000 ★　深色。有强度，均衡的，气味成熟且有矿物味但相当封闭。口感很文雅，浓郁且活泼，同时鞣质牢固。口感新鲜且平衡，有很大的持久性但是需要在瓶中陈酿。

Pensées de Lafleur

拉弗尔副牌酒根据拉弗尔正牌酒同样的生产工艺被混酿，除了非同寻常的年份酒比如 2003，那时它是 100% 的美乐。顶级年份酒（2005，2000，1995）是令人印象深刻的，有优质正牌酒的强度以及再陈酿 20 年的潜力。相对于拉弗尔正牌酒，它具有很好的价值，尤其是 2004 和 2005，即使那时它是不足的。

拉弗尔酒庄概况

总面积: 4.5 公顷
葡萄园面积: 4 公顷
平均产量: 12 000 瓶正牌酒; 6 000 瓶副牌酒
地址: 33500 Pomerol
电话: +33 5 57 84 44 03

柏图斯酒庄 (Pétrus)

期望见到一个寺庙并崇敬这个传奇的拜访者会失望的，因为柏图斯酒庄的建筑是简单和低调的。最近的翻新已经增添了一些光彩，并且柏图斯这个名字在墙上清晰可见，但是基本还是一个接待室以及包含主要建筑的酒窖。然而真正关键的是周围的葡萄园，这里的黏土是柏图斯酒著名的强度和陈酿能力的原因。

尽管如此，即便是站在这些葡萄藤中间，也需要敏锐的眼光才能识别出这些优势。这些葡萄藤被完美地照料，但是从40米的高点向下渐渐倾斜的表面难以理解。葡萄藤被种植在斜坡上，自20世纪70年代以来一个人造系统辅助着自然的排水系统。

土壤是蓝色的黏土，柏图斯著名的"纽扣孔"，一种双层黏土且具有微量的沉积岩（ *crasse de fer* ），几百万年以前，类似黏土的心土拨开了黏土砾石的表面，这些黏土砾石表面形成了独特的风土。"当下雨时，黏土通过扩张并创造径流具有限制水吸收的优势，但是它允许生根系统通过裂缝得到发展，这提供了干燥时期土壤的湿度，所以避免了缺水的压力。"爱德华·莫意克（Edouard Moueix）解释道，他是著名的克里斯坦（Christian）的儿子，并且是让-皮埃尔·莫意克（Jean-Pierre Moueix）集团下一任的代表。

柏图斯致密的黏土不是独一无二的，邻近的嘉仙酒庄（Château Gazin）、威登酒庄（Vieux Château Certan）、乐王吉酒庄（L'Evangile）和拉康斯雍酒庄（La Conseillante）都有一定的比例。但是柏图斯这种致密的黏土几乎覆盖了整个区域。这种黏土数量上的优势解释了酒庄种植如此多美乐的这个决定的合理性。剩余5%的品丽珠很少制造优质葡萄酒（1998、2001和2003是最近的例外）。

葡萄园在1956年霜冻之后被重新种植，所以最老的葡萄藤年龄大约是50年。自从那时起土地已经有规律地被重新种植并且移植技术已经开始使用，但是克里斯坦·莫意克更喜欢循环系统，因此整个区域被重新种植。他是负责任的，早在1973年为了使葡萄串暴露于空气中并且减少产量，他尝试绿色收获技术，从20世纪80年代末开始，这种实践变得系统化。现在每年7月有一个绿色收获结合脱浮的技术，紧随其后的是发生在葡萄果实着色成熟期之后的第二阶段，这被莫意克称为清理过程（ *toilettage* ）。

自20世纪40年代以来，莫意克家族一直管理着柏图斯酒庄，当时的主人鲁芭夫人（Madame Loubat）授予让-皮埃尔·莫意克作为柏图斯葡萄酒唯一的代理商。他在60年代收购了酒庄大部分的股份，并连同4.5公顷的嘉仙酒庄的土地以补充柏图斯已有的葡萄园，柏图斯葡萄园面积当时只有7公顷多一点。从那时一直到最近，让-皮埃尔的儿子克里斯坦和酿酒学家让-克劳德·贝鲁埃（Jean-Claude Berrouet）负责酒庄的经营和葡萄酒的酿造。自2009年起，一个新的人员结构开始运行。克里斯坦年长的哥哥，让-弗朗索瓦（Jean-Francois），现在是官方的主人；同时让-克劳德·贝鲁埃的儿子奥利维尔（Olivier）负责酒庄的经营和葡萄酒的酿造，他先前曾在白马酒庄工作。J-P莫意克集团继续管理人员的分配。

确定收获日期可能是一年中最重要的决定。作为一个公司，莫意克从未提倡晚期收获，它试图避免李子和果酱余味。因为土壤本质上是更冷的黏土，可是虽然处于较早成

右图：柏图斯酒庄著名的圣彼得（St. Peter），他正坐在一艘小船里，抱着一枚巨大的钥匙，指向这个神圣的大门

148

上图：基督教与酒神符号和平共处

熟的区域，充分的酚醛成熟还需要时间。让-克劳德·贝鲁埃的最后一次葡萄收获是在2007年（他的第44年）。他和克里斯坦·莫意克在共事38年的时候第一次对收获日期产生分歧，贝鲁埃提倡更久的等待。2008年是最晚的一次收获，柏图斯酒庄的葡萄在10月的头几天被收获。

当决策被实施的时候，柏图斯的优势是通过使用莫意克补充的150名收割者，令它的葡萄能在2个下午被快速地收获。

紧随其后，葡萄酒的酿造是相对直接和传统的。发酵发生在混凝土注水槽中（总共有15格，有4个额外的不锈钢槽），使用循环系统用于物质提取并且起初有更热的温度。苹果酸-乳酸发酵也发生在槽中，尽管在2008年有一定比例是在木桶中完成以便新鲜葡萄酒的品尝。陈酿长达18个月，每3个月分离一次。起初放在100%的新橡木桶中，新橡木的比例要么保持、要么减少，这根据每年的品质决定。

顶级佳酿

柏图斯葡萄酒最重要的特点是强劲和力量，内

左图：奥利维尔·贝鲁埃接替了他的父亲让-克劳德成了新的酿酒师

部的核心被紧密地包裹，不愿意展开，因此在葡萄酒年轻的时候就已经表现出深沉的本质，鞣质的储备受到限制。酒有浓度但是它绝非沉重或者在顶级之上。正牌酒的复杂度来自美乐的存在，成熟度和活泼性给葡萄酒添加了额外的感觉。尽管有密度和浓度，柏图斯还是具有很明显的现代标记。颜色深但是决不是蓝黑色，并且口感从不是厚重的或令人厌倦的。它很明显是伟大的葡萄酒，尽管近来它的价格表明它大部分是百万富翁的专有品。最近特别的葡萄酒包括1998，2000，2001，2005和2008，我个人对1998有偏爱。

2001 ★ 强烈，但是也有魅力和纤细感，气味饱满、芳香、浓郁。有黑加仑味，其他深色果香和咖啡味。口感有令人怜爱的果味但是内核牢固，鞣质成熟且坚固。浓郁且饱满，余味悠长且平衡。它现在有点活跃但是可以保存很长时间。

2005 ★ 贵族气质。浓郁但是决不令人厌倦。复杂的香料味、蜜饯味和深色果味，有一点异域风情。口感饱满且浓郁，有美妙的圆滑质地，鞣质结构成熟。余味新鲜且悠长。酒也有强度和平衡感。可以陈酿50年或者更长。

柏图斯酒庄概况

总面积：11.5公顷
葡萄园面积：11.5公顷
平均产量：30 000 瓶
地址：33500 Pomerol
电话：+33 5 57 51 17 96

拉康斯雍酒庄 (La Conseillante)

英国的进口商和消费者总是偏爱拉康斯雍酒庄。它出产的葡萄酒有矿物味及深深的果香和结构感，这使他们想起来自梅多克产区的葡萄酒。这里的葡萄酒是奇妙的，由于属于传统的波美侯混酿酒，由85%的美乐和15%的品丽珠构成。

这是常有的事，酒的品质取决于葡萄园，自1871年起，葡萄园的边界还未改变过。这也是目前酒庄主人的祖先尼古拉斯 (Nicolas) 家族收购这座酒庄的时间。酒庄的名字源于以前的主人凯瑟琳·康斯雍 (Catherine Conseillan)。葡萄园在一个街道里，并且在威登酒庄的南面，一部分紧挨柏图斯酒庄和乐王吉酒庄，有4.5公顷的区域还是在跨越244这条小路的更远的南方，这条路实际上由圣埃米利永管辖，但是为波美侯产区的一部分。邻近有白马酒庄和波尔加德酒庄 (Beauregard)。

贯穿这片土地的南北方向，有两种土壤类型：朝东边的灰黏土，朝西边的含沙砾石。几乎在表面下方2米的任何地方都有沉积岩。"生长在多石沙砾上的品丽珠提供了葡萄酒的矿物味，而在砾石土壤上的美乐提供了葡萄酒的纤细感，种植在黏土上的美乐则提供了葡萄酒的强度。"酿酒师和经理让-米歇尔·拉波特 (Jean-Michel Laporte) 解释道。

酒庄葡萄藤的平均年龄是32年，最老的一块区域可以追溯到57年以前，尽管在接下来的几年它经常被除根和重新种植。新的种植区域有7 500株/公顷的密度，剩余的葡萄园达到可以接受的6 000株/公顷的种植密度。拉康斯雍酒庄在20世纪90年代经历的品质不稳定是由于高产量，所以自2001年起目标产量已经变成了3 800～4 000升/公顷，葡萄藤修剪成波尔多风格并且叶冠层被改善。

从各方面来看，这都是一座经典的酒庄，尼古拉斯家族不愿意去改变或者摇晃这艘船。可是经历了1990年代的起起伏伏之后（当时这个家族成员之一监管葡萄酒的制作过程），很明显一种更专业的方法是有必要的。一位经理在2001年到达这座酒庄，在2004年被稳健且高效的让-米歇尔·拉波特所取代。他的精调改善了葡萄酒的品质，但是他支持传统的莫意克式葡萄酒酿造法（在那里他曾经有工作的经历），所以拉康斯雍酒的风格没有改变。

葡萄的收获过去常常由居住在酒庄的采摘工人完成（2008年也是这样）。但是自2009年起，一个专家公司已经被雇佣，使得组织有选择性的采摘以及启动停止的方式（现在已经变得必要）是更容易的。葡萄在酒窖中被分类并且通过压碎机（以egreneur闻名，在2003年购买）去梗。

葡萄酒的酿造过程相当经典并且发生在不锈钢水槽中，它购买于1971年。"我的哲学是必须尽早解决葡萄汁中酒精的缺乏，所以我们做了一个冷的浸泡，然后添加了酵母并且做了相当多的循环 (remontage) 直到达到中等密度的产量。"拉波特解释道。没有人造的浓度、从发酵桶的顶部把发酵帽子捣入发酵桶 (pigeage) 或者微观氧化，并且苹果酸-乳酸发酵发生在水槽中。在2008年，拉波特用乳酸菌给葡萄汁打了预防针以便加速苹果酸-乳酸发酵过程。最终的混酿酒中包含6%～7%的压榨葡萄酒。

在80%～100%的新橡木桶中陈酿超过

右图：拉康斯雍酒庄能力出众的酿酒师让-米歇尔·拉波特，墙的颜色取自传统垂直压榨法压出来的葡萄色

拉康斯雍葡萄酒有矿物味及深深的果香和结构，使人联想起梅多克产区的葡萄酒。这是常有的事，葡萄酒的品质取决于葡萄园

上图：精雕细琢的门柱反映出葡萄酒的细腻，独特的包装纸则体现出该年的优秀

18 个月，必要的话可以用传统的上架技术和鸡蛋清澄清以及过滤。拉波特已经把桶的烘烤变成更低温度下的烘烤，制桶工人称之为"红酒炖牛肉"（*chauffe Bourguignon*）。另一个改变是 2007 年拉康斯雍副牌酒的推出。这由年轻的葡萄藤和在紧邻白马酒庄的铺满沙的土壤上的一块区域生产。被弃的葡萄酒先前卖给了酒商。

2009 年，建造一座新酒窖的计划已经得到很好的落实，当时正值世界性金融危机。这个工作不得不推迟到 2010 年，建筑师计划将表面更小的混凝土水槽取代不锈钢大桶并且将它们排列成椭圆形。

顶级佳酿

Château La Conseillante

我对拉康斯雍更老的葡萄酒只有有限的经验，并且让-米歇尔·拉波特也是这样，因为在这个区域有极少的老葡萄酒。尽管他向我保证 1928、

1949 和 1959 是顶级的并且 1970 和 20 世纪 80 年代所有的葡萄酒都是优秀的。我最近拜访时，他尤其想我去品尝 2001 和 2006，它们总结了拉康斯雍的风格，比如 2005 是更饱满且强劲的。整个新世纪葡萄酒的口感都是顶级的。

2001 ★ 深色。几乎是梅多克式的气味，有矿物味，深的果香、薄荷味和紫罗兰香味。清澈、新鲜的口感伴随饱满的中等口感的果味，具有平衡的酸度。余味持久、牢固。非常优秀。

2006 深色。轻微稳定的气味，但是新鲜，具有奶油、橡木和黑加仑的气味。有矿物味，口感新鲜且酸度明显。圆滑且有强度。鞣质牢固，但是圆滑且完整，余味有很好的长度。有长期陈酿的潜力。

拉康斯雍酒庄概况

总面积：12 公顷
葡萄园面积：12 公顷
平均产量：50 000 瓶正牌酒；4 000 瓶副牌酒
地址：33500 Pomerol
电话：+33 5 57 51 15 32
网址：www.la-conseillante.com

克里奈教堂酒庄（L'Eglise-Clinet）

如果你不知道这里的葡萄酒的品质和价格，你将不会多看一眼。这座酒庄由一间简单的农舍和酒窖构成，毗邻一座当地的公墓。克里奈教堂酒庄的路标就是丹尼斯·杜兰多（Denis Durantou）的家。杜兰多是一个思维敏捷且有洞察力的主人（葡萄酒酿造者），并且有一个艺术家妻子玛丽·雷亚克（Marie Reilhac）。

杜兰多在1983年接管了家族的财产，自从那时起他开始平稳地改善葡萄酒的品质并且酒庄的声誉开始提升。早期葡萄酒纤细感不足，投入的精力主要集中在葡萄园上。这包括几个含有高原上的黏土和黏土-沙砾石土壤的区域，这块区域正对邻近克里奈酒庄的葡萄酒酿造厂。葡萄酒的核心来自忍受了1956年霜冻的老葡萄藤，品丽珠在1953年才被种植。

葡萄园的另外一半在1956年霜冻以后被重新种植，但是杜兰多始终平稳地对葡萄藤进行更新。"我本应该更早开始，由于当时使用的葡萄藤和根茎的质量不是很好。而且由于经济的限制，同时也因为对祖先工作的尊敬而受到局限。"他解释道。总共2.5公顷的土地已经被重新种植，有8000株/公顷的种植密度，现在来自年轻葡萄藤的果实用于生产优质正牌酒。

为了改善土壤的平衡，在1989年停止使用肥料，现在经常用有机堆肥进行调节。脱浮和绿色收获是系统化的，为了避免过度成熟（surmaturite）会选择好收获日期。"如果温度较高，美乐会在24～48小时内进行改变，同时伴随着芳香味的丢失，由于没有什么可以恢复原状你需要快速移动。"杜兰多说道。尽管现在酒窖有两个分类桌，但大部分的挑选会在葡萄园里进行。

与外观和温度相反，当涉及葡萄酿造工艺时，杜兰多不是一个追求时髦的人，他避开了例如冷浸泡、微观氧化甚至是桶中苹果酸-乳酸发酵的实践。他更喜欢在相对低的26℃～29℃下长时间、缓慢地发酵。"酒精

下图：克里奈教堂酒庄谦逊的农家风格反映出了葡萄酒的淳朴，但显示不出它的杰出和声誉

的发酵必须持续 7 天。"他宣称。唯一可见的现代技术是在 2000 年购置的小的不锈钢水槽，它用来分开酿造葡萄。

另一个重大的改变是新橡木桶的使用。在 20 世纪 80 年代末，杜兰多仅仅使用了 30% 的新橡木桶，1995 年橡木桶的比例增加到 50% ~ 65%，而现在接近 80%，例如 2000、2005 和 2008 年。葡萄酒使用传统的上架和鸡蛋清澄清技术，陈酿长达 18 个月。

很明显，橡木已经给葡萄酒增加了额外的精致和复杂性，葡萄酒已经有了深度、强度以及它独特的个性。它不仅有波美侯的浓郁果香，也有结构和酸度提高的平衡感。引人注目的是，20 世纪 90 年代早期，克里奈教堂葡萄酒的期酒价格仅仅 8 欧元 1 瓶，但是从 1995 年起葡萄酒的价格急剧上升。

杜兰多也酿造了一瓶叫做小教堂（La Petite Eglise）的葡萄酒，它经常被归为克里奈教堂的副牌酒，但情况并非如此：这些葡萄来自 1.3 公顷含沙土壤上的美乐葡萄藤。然而考虑到价格上的区别，它仍具有相当好的价值。

顶级佳酿

Château L'Eglise-Clinet

我很感激丹尼斯·杜兰多在波尔多两年一次的葡萄酒展销会（Vinexpo，2009 年举行）上组织了大瓶装葡萄酒的品尝。这些葡萄酒混酿比例几乎都是 85% 的美乐和 15% 的品丽珠，尽管 2005 有多达 90% 的美乐。

1985 ★　红色，边缘有砖色。起初的气味生涩，然后变得富有活力，释放出深深的红色果香并且有松露味。有很好的密度和余味长度。

左图：精力充沛且具有独立思想的丹尼斯·杜兰多，他背后是艺术家妻子玛丽·雷亚克的画作

1988　在这组酒中有最高的酸度，pH 为 3.5。年轻的红色。闻起来有矿物味、叶香味以及灌木丛味，同时口感上也有类似的味道。有点甜，但酒体新鲜，酸度明显。余味有点干。

1989 ★　强劲、复杂，基本上很好。红色，边缘有砖色。气味芳香，有紫罗兰、香料和咖啡味。美妙的口感，饱满浓郁。强劲的结构，但是有优质成熟的鞣质。

1990　饱满丰富但不及 1989 复杂或高级。深色内核，边缘有砖色。有松露和水果香。圆滑、香甜、松软，但鞣质比之前的酒更有活力。

1995　更清淡且更少令人印象深刻。明亮、年轻的红色但是边缘清澈。中等酒体，有叶香、丛林味。有点甜，但是鞣质生硬，余味有点干。

1998 ★　风格更经典。深深的透明颜色。浓郁饱满，但是新鲜且平衡。吸引人的果香和质地。鞣质牢固但是很好。余味悠长且平衡。

1999　费了大力气酿造的葡萄酒。深红色。气味比 1998 更简单，有深深的红色果香。口感非常饱满，有香草、橡木味。浓郁的鞣质。可以马上饮用但是还可以保藏很长时期。

2000　强劲的葡萄酒，有最高等级的鞣质。饱满且有优雅的气味，有黑加仑，橡木给葡萄酒增添了异域风情。口感成熟、香甜且复杂。强劲鞣质结构。有长久陈酿潜力。

2005 ★　现代的，有异域风情，但也是优雅的。深色。气味浓郁，有香料、奶油、烈酒的果香味。口感中仍有橡木味，也有巧克力和香草味，但是充满了果味。圆滑、柔软的质地。鞣质强劲但是比 2000 更纤细。

克里奈教堂酒庄概况

总面积：5 公顷
葡萄园面积：4.5 公顷
产量：15 000 ~ 18 000 瓶
地址：33500 Pomerol
电话：+33 5 57 25 96 59
网址：www.eglise-clinet.com

里鹏酒庄（Le Pin）

雅克·天安宝（Jacques Thienpont）这位谦虚的比利时酒商对自己已取得的成就仍表示困惑，要知道一切都是从兴趣开始的。他现在致力于研究价格因素，并坚持认为是市场和佳酿的缺乏形成了这些令人眩晕的数字。

在 20 世纪 70 年代，里鹏酒庄 1 公顷的土地以及不吸引人的房舍和松树（2 株）开始出售。雅克的叔叔莱恩（Leon），即当时威登酒庄的经理，鉴定了这片土地以及他自己酒庄旁边土地的质量，推荐雅克去买下这片土地以支持威登酒庄。天安宝家族认为它太昂贵了，但他的叔叔莱恩和杰拉德（Gerard）竭力主张买下，于是雅克在 1979 年买下了里鹏酒庄。

雅克沉浸于与莱恩一起酿造葡萄酒，但这次是雅克独自酿造葡萄酒的机会。用于酿造第一批葡萄酒 1979 的场所和设备是很简陋的：地下室中的一个土制的地板，一个不锈钢水槽，一个手控泵，一个压榨机以及一组威登酒庄在苹果酸 - 乳酸发酵和成熟过程中使用过的大桶。

1978 年，40% 的土地被重新种植，直到 1981 年里鹏酒庄整个葡萄园才用于收获。1984 年和 1986 年，酒庄进行了进一步收购：首先是紧邻里鹏酒庄的蔬菜园，然后是当地铁匠拥有的 0.5 公顷葡萄园。

整个区域都位于波美侯高原的一个高点上，由于土质逐渐变细，碎石土壤有更多的沙子。酒庄有一些 1956 年以前的葡萄藤，但是重新种植已经使得葡萄园的平均年龄是 28 年并且美乐是独一无二的种类。产量保持在大约 3 000 升 / 公顷。在 2008 年大约 0.33 公顷的

右图：杰出的比利时商人雅克·天安宝，他起初将葡萄酒视作一种爱好，但后来他的酒很快以创纪录的价格出售

雅克·天安宝这位谦虚的比利时酒商对自己已取得的成就仍表示困惑，要知道一切都只是从兴趣开始的

上图：里鹏酒庄引人注目的普通房子和酒厂很快就要消失了，而与之齐名的松树则会保留下来

土地被掘根并且于 2010 年重新种植。

里鹏酒庄在 20 世纪 80 年代中期声名远扬。罗伯特·帕克给了 1982 高分，同时瑞士买家鲁尼·加百利和法国记者杰克·卢克西（Jacques Luxey）开始表扬这里的葡萄酒，后者称之为"波美侯驰名葡萄酒"（DRC of Pomerol）。葡萄酒收藏家开始表现出兴趣，对新培育的葡萄酒需求平稳增加。剩余葡萄酒很大程度上归功于里鹏酒的缺乏以及二级市场的活力。2008 年，大瓶装的 2000 卖到了 6 300 美元，同时 1982 卖到大约 20 000法郎。

酒窖和设备可能改善了，但是葡萄酒酿造的传统方式在这些年还是保持不变的。"这是一个关于让自然按照自己的轨迹运行的故事。"雅克说道。葡萄在大约一天半收获完，分类在葡萄园中完成。葡萄酒酿造还是在不锈钢水槽中进行，并且用天然酵母发酵。自 1981 年起，来自圣哥安（Seguin Moreau）公司的新橡木桶用于苹果酸 - 乳酸发酵和陈酿。

2009 年，建造一种全新葡萄酒酿造厂的计划开始起草，当时预测在 2011 年可以完工。一个微小但光滑的建筑将取代独特的老式房屋，但是松树将保留。

顶级佳酿

Château Le Pin

我在里鹏酒庄的经历主要局限在新品种的品尝，我经常发现这种酒具有杰克·卢克西提及的勃艮第风格。这种葡萄酒有精致的香味和纤细感，有丝质质地及活力。有浓郁果香，但是风格上绝非威猛。一种异域味道源于在新橡木桶中的陈酿。相比饱满、浓郁但是更单调的 2005，我更喜欢精致且清澈的 2006 ★。2008 ★ 体现了另一种优质葡萄酒的气质。对于里鹏酒的异议之一是它的陈酿能力，但 2008 年在洛杉矶我对 1979 ~ 2006 年的酒进行了品尝，使我确信越老的葡萄酒越应很好保存。

2001 ★　这是里鹏酒优质、易消化的代表（2006 和 2008 是类似的）。石榴色。果香浓郁但充满活力。口感柔软、圆滑且多肉，但酸度和结构提供了葡萄酒的新鲜感和长度。在储存约 8 年时开始饮用，但是可以保藏更长时间。

里鹏酒庄概况

总面积：2.2 公顷
葡萄园面积：1.9 公顷
平均产量：6 000 瓶
地址：33500 Pomerol
电话：+32 5 57 51 33 99

威登酒庄（Vieux Château Certan）

威登酒庄是波美侯地区无可争议的领先酒庄之一，并且从 10 世纪中叶起就一直是这样。它的位置表明具有优秀的潜力。葡萄园处于沿着柏图斯酒庄、拉康斯雍酒庄和乐王吉酒庄的波美侯高原的核心区域。这里的葡萄酒是不会令人失望的，它有着深厚的本质，牢固而精炼，有令人印象深刻的持久性。风格上和梅多克酒有细微差别，而不具有波美侯葡萄酒多肉和更充满活力的一面。

这座酒庄在 1924 年被比利时酒商乔治斯·天安宝（Georges Thienpont）收购并且自那时起一直被完美地经营，起初由乔治斯管理，之后交给他的儿子莱恩，现在则由他的孙子亚历山大管理。很明显酒庄的持续性对维持高水准起到了作用；这种规模的很多葡萄园都是在如此完美的条件下并且从一开始一直以一种非常长远的眼光被经营。

葡萄园是葡萄酒特点的根源。葡萄园有 3 种土壤——重黏土、黏土-沙砾以及沙砾，它们每一个都确定了要种植的葡萄类型。美乐占了 60% 的葡萄藤，种植于黏土上；品丽珠的比例已经增加到 35%，种植于黏土-沙砾上；长相思现在是 5%，种植在沙砾上。上次使用肥料是在 20 年前，喷洒保持在最低的水平。

1956 年霜冻后，葡萄园的三分之二被重新种植，但是还有一些老的区域从 1932 年和 1948 年开始算起。一个稳定的循环系统已经形成，另外一些在 1967 年、1982 年、1988 年、1990 年被移植（使用酒庄质量筛选的品丽珠），1998 年重新种植的土地，天安宝的目标是保持葡萄藤树龄为 40 ~ 50 年。另外 1.3 公顷将在 2010 年和 2011 年被重新种植。"难题是选择需要替代的土地，因为它们都能产出好的葡萄酒，但是我不得不想想未来。"亚历山大·天安宝解释道。新种植的葡萄藤不得不等待时机用以生产优质正牌酒，所以 1982 年种植的区域仅包含了 2001 年产的葡萄酒，1998 年种植的暂时只用来制造副牌酒。

第一次遇见天安宝，他是谨慎和紧张的，但是对于这片土地以及设立高标准的眼光和智慧，他有家族类同性。伴随着监管（regisseur）圣埃米利永产区嘉芙丽酒庄（Château La Gaffeliere）的经验，他在 1985 年接管了威登酒庄的经理一职，并且在那段时间已经推动了酒庄的发展。他推出了副牌酒小威登（La Gravette de Certan），减少了产量并且给葡萄培养带来了更大的精确度。他也坚持系统性地去梗以及用 100% 的新橡木桶用于优质正牌酒的制造。

然而对于保持葡萄园的特点，他是坚定不移的。"最伟大的葡萄酒是完全真实的，它尊重它们生长的地方，避免伪装和伪造。"他说道。他对于葡萄酒酿造的看法表明一种传统的方法，尽管他是足够实际的以便确保威登酒庄能了解技术上的最新情况。2003 年酒窖安装了空调，木制大桶中也有温度控制。"重要的工作在葡萄园完成。"他说道，"在那之后葡萄酒仅仅是在橡木桶中成熟了的发酵葡萄汁，用鸡蛋清澄清并且不用过滤。"

顶级佳酿

Vieux Château Certan

碎石土壤和高比例的赤霞珠很明显对葡萄酒的风格有影响，但是这种表现随着葡萄酒改变，正如混酿酒一样。1998 是标志性的美乐年，有 85% 的美乐、10% 的赤霞珠和仅仅 5% 的品丽珠，这不被认为是成功的。相反，艰难的 2003 由 80% 的品丽珠酿造（但是仅酿造了 9 600 瓶）。天安宝也强调混酿酒实际上与 1995 和 1996（一个更经典的 60% 美乐、30% 品丽珠和 10% 赤霞珠）是相同的，但是表现不一样。在这种情况下，赤霞珠主导了优雅的 1996，美乐主导了 1995。重要的特点是葡萄酒和葡萄产量的真实性。正如许多波尔多的酒庄，20 世纪 70 年代的威登酒庄处于较弱的时期，但是 80 年代随着极好的 1982，1986 以及 1988，酒的品质回来了。最近的葡萄酒一直是杰出的，尤其是 2005 和 2006。

1998　红宝石色。微妙的红果香和月桂树香。成熟但是合理。开放的果味，但是可以感受到珍藏的感觉。口感圆滑且多肉，但牢固且直接的结构能把口感结合起来。令人喜爱的平衡感，有浓郁的余味和活力。

2000 ★　极好的葡萄酒，红宝石色。浓郁的矿物味，有紫罗兰、黑樱桃和咖啡气味。美妙的纯果味，质地好，余味悠长且持久。真正的新鲜、活泼和优雅。有长久陈酿潜力。

左图：威登酒庄聪明而敏锐的亚历山大·天安宝（Alexandre Thienpont），从电脑桌面上的滑翔机可以看出他的远大抱负

威登酒庄概况

总面积：16 公顷
葡萄园面积：14 公顷
平均产量：48 000 瓶正牌酒，14 400 ~ 18 000 瓶副牌酒
地址：33500 Pomerol
电话：+33 5 57 51 17 33
网址：www.vieuxchateaucertan.com

卓龙酒庄 (Trotanoy)

在一个缺乏重要地标的区域，一排通往卓龙酒庄普通房屋和酒窖的柏树是突出的特点。在波美侯高原西部边缘，卓龙酒庄有生产优质葡萄酒的天然属性：良好的排水条件、混合土壤以及阳光的照射。简言之，拥有优秀的风土。

如果柏图斯酒庄是莫意克集团的国王，那么卓龙酒庄就是王子的觊觎者，1953年让-皮埃尔·莫意克购置了卓龙酒庄。这里的葡萄酒每一方面都是浓郁和深刻的，有乳脂口感且牢固、新鲜，具有矿物味，这掩盖了葡萄酒几乎都是来自美乐这个事实。

最近的葡萄酒表明卓龙酒庄的顶级地位，2007也许超过了8月同期出品的柏图斯葡萄酒。卓龙明显是波美侯最伟大的酒庄之一

葡萄园包含单块街区但是有两种不同的土壤。在酒庄前方较高的区域在黏土深处有砾石，这块土地像梅多克某些区域一样多石。这是最早成熟的一部分区域，碎石提供了葡萄酒的复杂度和矿物味。第二块区域在酒庄背后的斜坡上，有深的黏土，它有助于提高葡萄酒的浓度和结构。

这些保热的土壤帮助卓龙酒庄顶住了1956年毁灭性的霜冻，并且经过许多年葡萄园还是非常老的，平均藤龄超过40年。但是大量的重新种植计划在1985～1995年实施，2009年记录的葡萄园的藤龄已经下降到21年。"对我们而言这是好的，因为我们感觉波美侯的葡萄园藤龄在17～27年为处于最佳状态。"克里斯坦的儿子爱德华·莫意克（Edouard Moueix）解释道。

葡萄园以典型的莫意克风格被仔细地培养，土壤被翻耕并且两排葡萄藤中间的小块区域覆盖了草地。葡萄以可选择的方式点对点被人工收获，然后被分类、去梗，并以传统的方式酿造。在50%的新橡木桶中成熟16～20个月。"卓龙葡萄酒是如此有结构的，以至于太多新橡木桶容易将它变干。"爱德华多·莫意克说道。

顶级佳酿

Château Trotanoy

卓龙酒在20世纪60年代和70年代声名远扬，有一些令人惊讶的葡萄酒，如1961、1967、1971和1975。在高贵的1982之后，有一个轻微的停滞期，许多批评家把这段时期归结为大量重新种植所引起的改变。停滞期随着优质的1989的出现而结束。2004牢固且浓郁，2005余味悠长、强劲且醇正，2006有经典的高贵感，2007也许超越了同年8月的柏图斯葡萄酒。卓龙葡萄酒很明显是波美侯最好的葡萄酒之一。

2001 深的红宝石、石榴石色。气味轻微有限，但是新鲜有矿物味。口感很深且强劲，有柔软质地但是鞣质结构牢固。深果香味，而且浓郁新鲜。伟大的完整平衡感。

2005 ★ 深色。轻柔的香味，有一点胡椒和香料味。新鲜、优雅且活泼。口感浓郁且强劲，有完整的橡木味和成熟的鞣质结构。余味悠长，精致且持久。

右图：才华横溢、热情好客的葡萄酒行家克里斯坦·莫意克和他的儿子爱德华，也是波美侯地区最富影响力的庄主之一

卓龙酒庄概况

总面积：7公顷
葡萄园面积：7公顷
平均产量：25 000瓶
地址：54 Quai du Priourat, 33500 Libourne
电话：+33 5 57 51 78 96
网址：www.moueix.com

乐王吉酒庄（L'Evangile）

需要花费一点时间使乐王吉酒庄保持在稳定的水平，但是罗斯柴尔德（拉菲）家族最终到达了那里。拉菲罗斯柴尔德集团在1990年从杜卡斯（Ducasse）家族那里收购了70%的酒庄产权，但是剩余的股份由令人敬畏的西蒙尼·杜卡斯（Simone Ducasse）女士持有，她实际上继续经营这座酒庄，忽视了埃里克男爵（Baron Eric）和技术指导查尔斯骑士（Charles Chevallier）的提议。杜卡斯唯一的让步是乐王吉副牌酒（Blason de l'Evangile）的推出。除此之外几乎没有改变，并且因为缺乏投资阻碍了品质，20世纪90年代的葡萄酒是完全令人失望的。

在1999年，罗斯柴尔德集团收购了酒庄剩余股份，并且加速致力于翻新和改善。从拉菲引进的经理，在2001年被在职的让-帕斯卡尔·维札特（Jean-Pascal Vazart）取代。原有的酒窖停止使用，一座新的建筑和圆形桶酒窖在2004年落成。一个重新种植葡萄园的计划被发起，到目前为止已经有4.5公顷的土地被掘开，并且将近3公顷被重新种植。

葡萄园位于波美侯高原的东南角，有许多含有不同类型土壤的区域。一些是类似于柏图斯酒庄的黏土，其他的区域含沙子和碎石，邻近让·富尔酒庄(Jean Faure)和白马酒庄。剩余的在邻近卡赞酒庄(Gazin)的碎石土壤上，包括一些具有更高盐和沙子含量的土壤。因此有必要进行选择，副牌酒占据了30%的产量。

葡萄园点对点管理现在更精确，新酒窖的出现使得我们能跟踪这个过程一直到成品葡萄酒。产量平均3 800升/公顷，来自年轻葡萄藤的更低，为3 000升/公顷，草地覆盖用于帮助限制活力。来自2003年种植的葡萄藤已经用于酿造正牌酒。

葡萄酿造过程相当传统，但是对于某些指定的葡萄酒有一个冷的前发酵浸渍过程。苹果酸-乳酸发酵发生在桶中，不同地块的葡萄酒起初保持独立，但是逐步混酿，在4月初准备好新品种的品尝。75% ~ 100%的新橡木桶用于葡萄成熟，成熟需要花费14 ~ 18个月。60%的新橡木桶由罗斯柴尔德自己在波亚克的制桶工厂提供。

顶级佳酿

Château L'Evangile

在罗斯柴尔德之前也有一些非常好的葡萄酒——1947、1966、1982、1989和1990，仅举几例作为参考。这里的风土是大体完美的，它在顶级年份体现出来，罗斯柴尔德致力于更高的一致性的同时使已经衰落的葡萄园恢复活力。当处于最佳状态时，酒的风格很明显是波美侯式的：饱满、圆滑且富足，有可以用于陈酿许多年的密度和结构。混酿酒通常是85% ~ 90%的美乐，其余的是老藤品丽珠。

1998 有一点优雅，但是葡萄酒缺乏杰出的右岸酒的派头。浆果香味伴随着草本植物气味。口感新鲜活泼但不奢华，鞣质生硬。

2002 石榴石色。中等酒体，有吸引人的成熟水果浓度。口感圆滑且平衡得很好，但是橡木味有一点多余。

2005 ★ 紫色。有顶级年份酒的浓度和强劲。饱满、成熟且浓郁。有果香、香料和香草味。口感饱满浓郁，有牢固、新鲜的鞣质。

乐王吉酒庄概况

总面积：16公顷
葡萄园面积：13公顷
平均产量：40 000瓶正牌酒；20 000瓶副牌酒
地址：33500 Pomerol
电话：+33 5 57 55 45 55
网址：www.lafite.com

凯歌酒庄 (Hosanna)

它的名字可能有点狂妄，但凯歌酒庄自1999年开始酿造葡萄酒起就一直令人印象深刻。其原因可以从酒庄葡萄园的位置得出解释。葡萄园位于波美侯高原上的单块区域，它附近有拉弗尔酒庄、威登酒庄、柏图斯酒庄和普罗维登斯酒庄（Providence）。酒庄三分之一的土壤是深的黏土，剩余的是混合砾石的黏土和沉积岩。

这本来是威登吉宏酒庄（Château Certan-Giraud）的核心区域，在1999年被让-皮埃尔·莫意克公司收购并且更名为凯歌酒庄（其他两块区域由列兰酒庄收购）。威登吉宏酒庄的一致性在过去波澜起伏，可能因为排水条件不好所致。因此，酒庄投资了一个排水系统，包括两个装有水泵的井，以便提取多余的水分。

激情围绕着这座宝石般珍贵的酒庄。人们很容易能感受到酒庄和它的葡萄酒受到大家的热爱，尽管它的独家经销一直是伟大的市场成功

培养的方法也已经改变，土壤被翻耕且现在看起来是完美的，叶冠层也得到了改善。美乐占据了葡萄藤的70%，在1956年霜冻后成为主要种植的种类。品丽珠在20世纪70年代占葡萄藤的30%，但是占混酿酒的20%。约0.5公顷的土地在2002年和2003年被重新种植，来自年轻葡萄藤的葡萄在2007年和2008年用于酿造正牌酒。

2008年以前，凯歌葡萄酒在拉弗尔-柏图斯酒窖生产，但是现在它与附近的普罗维登斯酒庄共享着崭新的建筑和酒窖。对于所有的莫意克家族的酒庄，葡萄酒酿造都是传统的，唯一的改变（再次来自2008年）即苹果酸-乳酸发酵在橡木桶中完成，这是由莫意克集团新的技术指导埃里克·穆里萨斯科（Eric Murisasco）提出的技术革新，他想使葡萄酒在初次品尝时更加讨人喜欢。凯歌葡萄酒刚开始在50%的新橡木桶中成熟，新橡木的比例要么增加，要么减少，以技术团队认为合适为准。

顶级佳酿

Château Hosanna

这种葡萄酒有顶级波美侯的强劲和浓郁，也很优雅且有余味长度。莫意克技术团队的操纵手导致葡萄酒的成熟感和浓度绝非顶级，但浓郁、纯正的果香伴随着橡木味为葡萄酒提供了更多现代的魅力。通常，凯歌酒看起来需要更长的时间使橡木味在瓶中融合。2002的品质是不满意的，所以凯歌酒庄没有生产。我对凯歌酒大部分的笔记来自新品的品尝，发现2004和2006风格类似，有好的强度但是有更好的新鲜感和矿物味。2005强劲、浓郁。2007有更轻的重量和结构。2008优雅、浓郁且平衡。

2001 仅宜立即饮用。红宝石色。浓郁的西洋李子和香料味，有少量香草和橡木味。口感成熟、充分、圆滑，具有好的鞣质和柔和的光亮。

2005 ★ 红宝石至石榴石色。气味并不强烈，但是有优雅的红色果香。香草、橡木味明显。浓郁果味，有稳定的内部结构。明显的波美侯风格。橡木味需要时间去融合，但葡萄酒有长久陈酿的潜力。

凯歌酒庄概况

总面积：4.5公顷
葡萄园面积：4公顷
平均产量：18 000 瓶
地址：54 Quai du Priourat, 33500 Libourne
电话：+33 5 57 51 78 96
地址：www.moueix.com

依奎姆酒庄（Yquem）

如果说梅多克的一级酒庄谁最终获得最高头衔一直是一个徘徊不定的问题，那么这在索泰尔讷绝不是难题，因为依奎姆酒庄自 18 世纪晚期以来一直处于领先地位。从当时托马斯·杰斐逊（Thomas Jefferson）的赞词，以及后来 1855 年优质酒庄分级中的首屈一指，都说明了这座酒庄的声誉之高。任何经得起时间考验的酒都是如此，都应该为全世界人民所享有。酒庄的标准并没有做多大改变，即便在今天，当竞争对手们细心研究策略时，依奎姆酒庄依然是真正的标杆。

保持连续性是一个关键的因素，即资产在较长的一段时间内为一家独有。索瓦热（Sauvage）家族于 1593 年最初拥有这家酒庄，在 18 世纪初逐渐巩固了葡萄园，并取得了整个庄园的所有权。1785 年，弗朗索瓦·约瑟芬·索瓦热·依奎姆（Françoise Joséphine de Sauvage d'Yquem）嫁给了康德·路易斯·阿梅代·绿沙律斯（Comte Louis Amédée de Lur-Saluces），她同时将依奎姆酒庄作为嫁妆赠予了绿沙律斯。从那时起，绿沙律斯的后代继承了这份家业，并一直经营至今。直到 1999 年，当酩悦·轩尼诗·路易斯·维东（Moët Hennessy Louis Vuitton）获得了该酒庄的多数股权时，从 2004 年起取代了皮埃尔·卢顿——白马酒庄运营者之一，成了酒庄管理者。

值得依奎姆酒庄引以为豪的是，它正好坐落在索泰尔讷一级酒庄的中心圆丘上，从四面八方都可以看到。实际上，在依奎姆广阔的葡萄园内有 3 个小圆丘，起伏范围在 30 ～ 75 米，最陡的坡朝向北面的加伦河。

右图：依奎姆酒庄庄严的外墙刚得到修缮，不管从哪方面看都要优于邻居

如果说梅多克的一级酒庄谁最终获得最高头衔一直是一个徘徊不定的问题，那么这在索泰尔讷绝不是难题，因为侬奎姆酒庄自 18 世纪晚期以来一直处于领先地位

分析该区的土壤，下面是石灰黏土，上面覆盖着沙砾层，黏土层中含有深达6米的蓝色黏土，但就整个酒庄来看，比例并不相同。这样的复杂性正是依奎姆的秘诀之一，不同的土质提供了葡萄酒的细微差别，在大多数年份允许优质酒有不同的选择。

如果说梅多克的一级酒庄谁最终获得最高头衔一直是一个徘徊不定的问题，那么这在索泰尔讷绝不是难题。依奎姆酒庄自18世纪后期以来一直处于领先地位

因为黏质底土和大量涌泉的存在，良好的排水系统显得必不可少，自19世纪以来，将近100千米的排水管被陆续埋设。不用说，这里的人们不仅对葡萄园悉心照料，经常犁地，而且用索泰尔讷独有的方法对葡萄藤进行修剪（3~4条藤，每条带有2个芽），此外还运用了疏叶法（leaf-plucking）与绿色采收的方法。"我们的想法是在贵腐之前让一小部分葡萄成熟起来。"皮埃尔·卢顿说。依奎姆的格言是"每条藤一杯酒"。每年，总有2~3公顷的土地被移植——从1992年起，酒庄自主选择移植地，这让葡萄藤的平均寿命稳定于30年。

从气候上看，依奎姆可能有局部的变化。北向的较低矮的坡在冬天非常冷，且易受到霜冻袭击，但在夏天则是最温暖的地块。依奎姆酒庄裸露的区域也使得葡萄园可以有效进行通风，东风使得在成熟期和贵腐开始时，葡萄可以进行浓缩和蒸发。

对于选择性采收，依奎姆人已经熟能生巧，运用了很多年。为了提高灵活性，160名采收者分为4队，采收150个地块。通常，这是一个不断尝试的阶段性过程。"必要时，

上图：依奎姆的酿酒师桑德琳·加贝（Sandrine Garbay），她仔细管控着包括二氧化硫含量在内的众多细节工作

我们有处理80桶酒的人员和设备。"卢顿说道。设备包括了4台气垫式榨汁机和3台现代垂直式榨汁机。

每一天的采收都是分开进行的，为的是最终的混合与筛选。酒庄没有生产副牌酒，被抛弃的酒都散装出售。由于皮埃尔·卢顿一直在负责酒庄事务，他和酿酒师桑德琳·加尔贝一道，听取了顾问丹尼斯·迪布迪厄的意见，对酿酒过程进行了一些调整。他们调节了氮含量，添加了硫胺素（维生素 B_1）

和酵母，并且让发酵过程在一个更高的温度下进行，以防挥发性酸的干扰。通过加强卫生管理，硫量调整，在氮气氛下上架，他们在成熟期对氧气进行细心的控制。而装罐的条件也得到了改善，发酵依旧采用全新的橡木桶，但陈酿期已经由40个月减少到30个月。

这些细致入微的调整旨在获得更高纯度的酒。如果认为依奎姆酒该具备应有的强度和丰富性，那么如今最主要的方向就是更大的新鲜度以及香味的纯度和精度，混酿的比例也在考虑范围之中。

顶级佳酿

Château d'Yquem

酒庄的严格标准使得某些年份没能产出可以售卖的酒。像1910年、1915年、1930年、1951年、1952年、1964年、1972年、1974年和1992年都是这样的情况。混酿中占主导地位的是赛美蓉，占80%，并用长相思作为补充。在理想情况下，酒精含量为13.5%，残糖量约为125克/升。依奎姆的陈酿能力是个传奇，虽然我的阅历有限，但我仍然偶尔有机会品尝一些传奇葡萄酒。

2003年酒庄的一次品酒会展示了非常棒的阵

上图：依奎姆的陈酿能力堪称传奇，1896 年以来的酒，颜色逐渐从淡金色转变成了深琥珀色

容。1921 ★ 依旧持久连续，带有丰富的干果味。1929 颜色很深，更为丰富、浓缩，但酸度均衡。1937 带有橙黄色色调，且依旧和谐完整。1949 ★ 丰富而复杂，带有美妙的深厚果香。1955 再次是丰富的葡萄酒，但带有干燥水果的气息及些许酒精的余香。1962 圆润、温和，但余韵稍欠均衡。近来的年份酒有精美、雅致的 1990 ★ 与和谐的 1983 ★。2007 年品尝时，1989 ★ 的强劲、奶油味、均衡性以及复杂、新鲜、愉悦的 1996 ★ 让我印象深刻。

1988 如今品尝起来依旧非常完美，芬芳、和谐而持久。带有香料、大麦糖和焦糖的味道。口感柔和充实，带有清新爽口的酸味。

1997 ★ 甜蜜的金黄色。丰富而复杂，带有清晰的灰霉味。口感饱满而精炼，带有糖渍水果和焦糖的味道，以及愉悦的苦果酱的余味。

2006 气味相当紧涩、保守。带有一点淡淡的香草和菠萝的风味。口感温和、纯净、精确、细腻，且非常精致，均衡完美。

Y

依奎姆酒庄干白葡萄酒的发音为"ygrec"。过去，它的制作工艺并没有严格标准（第一瓶年份酒为 1959），原料取自干燥且部分贵腐的葡萄，因此带上了独特的个性：强健有力，带有索泰尔讷的风味，但余味干燥。新的改良措施带来了更多的一致性。自 2004 年来，依奎姆每年定量生产（产量为

5 000 ~ 10 000 瓶）。酿造过程也不断改进，如增加新鲜度，使依奎姆酒免受氧化侵扰。如今混酿中含有 50% ~ 60% 的长相思，剩余的为赛美蓉，长相思是在收获期初始阶段采收的，赛美蓉（黏土中）则是在过熟期进行采收的。发酵过程在桶中进行，新桶的比例从 100% 减少到 33%。成熟期也从 18 个月缩短到 10 个月，葡萄酒仍旧存放于酒槽中。经过初步试验，2004 的余味显得非常干燥（残糖量低于 4 克/升）。酒庄在随后的年份对此进行了改良，以保持独特的风格，残糖量也增加到约 10 克/升。

1966 呈金琥珀色。带有老索泰尔讷的风味，以及布丁和焦糖的味道。之后便有意外的惊喜：让人意想不到的干燥余味。

2006 绝对比前几年带有更加活泼、纯净的味道。散发出梨、柑橘以及矿物的气息。入口清脆爽口，余味柔滑，带有一丝圆润。如今的问题是，它如何陈酿？

依奎姆酒庄概况

总面积：190 公顷
葡萄园面积：100 公顷
平均产量：120 000 瓶正牌酒
地址：33210 Sauternes
电话：+33 5 57 98 07 07
网址：www.chateau-yquem.fr

克莱蒙斯酒庄（Climens）

在 1992 年，吕西安·卢顿将财产传给他的 10 个孩子，其中最小的贝蕾妮丝（Bérénice）接手了克莱蒙斯酒庄。当时她只有 22 岁，刚大学毕业就要面对有点令人生畏的任务，尤其受气候条件限制的 1992 年和 1993 年，而 1994 年则最差。甜葡萄酒的经济前景虽然不值得一提，但却很显而易见。"这是个震撼人心的经历，因为你绝不能忽视这样一个事实，那就是所有一切都得听从于气候"。贝蕾妮丝·卢顿说道。

不到 20 年，克莱蒙斯充分确立了它在巴尔萨克地区酒庄中的领先地位，在索泰尔讷地区成为仅次于依奎姆酒庄的第二大酒庄。这并不意味着克莱蒙斯（拉菲丽丝酒庄和白塔酒庄也是如此）应该在强度和丰富性方面与其他酒庄进行比较，但均衡感、年轻和复杂性使它成为 种特殊而精美的葡萄酒，并且具有杰出的陈酿能力。

克莱蒙斯充分确立了它在巴尔萨克地区酒庄中的领先地位，在索泰尔讷地区成为仅次于依奎姆酒庄的第二大酒庄

葡萄园坐落于 17 世纪查特修道院（18 世纪加入了两座尖塔）附近的一个街区，在巴尔萨克高地的最高点。沙质黏土轻薄而贫瘠，紧实的石灰岩根基负责葡萄酒中的酸度平衡。总而言之，葡萄园由 20 个不同的地块组成，在酒庄的一些重要区域，地块被细分了，并且有些还铺上了草皮以协助天然排水。这里只栽种赛美蓉，近年来移栽了一定比例的葡萄，以更换掉 20 世纪 70 ~ 80 年代栽

右图：即便拥有建于 18 世纪的塔楼，这座谦逊的酒庄依旧在竭力掩饰其葡萄酒的金色光环

种的较差的克隆株。

自从贝蕾妮丝·卢顿接管酒庄以来，她一直坚持不做大调整。"观察、熟悉和调整是一个问题。"她说。具体而言，就是要对灰霉病株的质量和纯度时刻保持戒备，并时刻关注收成精度的提高。她对采收篮进行了编号（这样在后期就可以进行跟踪），并引进了分选台，另外还制订了经济激励制度以提高工作质量。所有这一切都在技术总监弗雷德里克·尼韦勒（Frédéric Nivelle）的监控下进行，他从 1998 年就一直待在酒庄中。

所有地块分别进行采收，每天（或半天）的采收和酿造都分开进行。他们只采用本地酵母，在橡木桶中进行发酵，其中三分之一的桶是新桶，然后陈化 20 ~ 22 个月。不同品种的混酿已成为一个渐进的过程，如可能需要一年的时间才能完成。因此，业内人士和媒体在每年 4 月的期酒品尝会上只能尝到桶装酒样本。而一旦优质酒生产出来后，副牌酒克莱蒙斯柏树甜白葡萄酒（Cyprès de Climens）便也随之诞生，剩余的酒则散装出售。

左图：贝蕾妮丝·卢顿，自 22 岁接手酒庄以来，她稳步提升了酒庄的形象和品质

顶级佳酿

Château Climens

"在过去，浓度一直是个问题，但最近几年已经尝试在遏制这一点，如今已经不那么严重了。"贝蕾妮丝说。当然，克莱蒙斯具有区别于巴尔萨克其他酒庄的浓度和丰富度，尤其是传统劲敌古岱酒庄（Coutet）。克莱蒙斯的一致性一直不错，自 20 世纪以来名声得到了巩固，葡萄酒的陈酿能力也得到了加强。实际上，贝蕾妮丝觉得要想畅销，还需要时间。

1978 深金色，同时展现出明亮、可爱的一面。带着柔软成熟的气味，依旧新鲜，带有巧克力和榛子的味道。口感清新，余韵带有些许苦味。缺乏经典年份应有的浓度和复杂性，但保持完好。

2002 ★ [V] 一种结构精美的葡萄酒——纯净、持久、精致。淡金色。是一种非常精美的酒，带有香料和糖渍水果的香味。口感均衡完美，酸度很好地提供了新鲜度，并且非常适于饮用，再陈酿一段时间效果会更好。

Cyprès de Climens

这种副牌酒最初创建于 1984 年，当年克莱蒙斯还没出现。采收和酿造的精确度都是一致的，因此主要在于混合，克莱蒙斯柏树甜白葡萄酒相较于克莱蒙斯，显得更为强劲，年轻时也更具芳香。

2006[V] 纯正的克莱蒙斯风格：纯净而持久，带有鲜明的新鲜余韵。散发出的是花香而非果香。浓郁适中，丰富，但不过头。副牌酒也做得相当严谨。

克莱蒙斯酒庄概况

总面积：30 公顷
葡萄园面积：30 公顷
平均产量：25 000 瓶正牌酒；10 000 瓶副牌酒
地址：33720 Barsac
电话：+33 5 56 27 15 33
网址：www.chateau-climens.fr

芝路酒庄（Guiraud）

芝路酒庄的轮廓是由森林和马路围成的半岛，西南角有菲乐酒庄(Château Filhot)的葡萄园，西边有索泰尔讷村。酒庄的历史相比北部附近的侬奎姆酒庄更少被记载，但是它历史悠久。

1766 年，曾名为贝尔贵族酒庄（Maison Noble de Bayle）的芝路酒庄被皮埃尔·芝路（Pierre Guiraud）收购。据过去 27 年酒庄的经理和自 2006 年起成为酒庄的共同主人的泽维尔·普兰提（Xavier Planty) 所说，这引发了与鲁尔-萨卢科斯（Lur-Saluces）家族的不和，他们也想要这座酒庄，它夹在菲乐酒庄和侬奎姆酒庄之间。这种对立持续了三代，当 1846 年鲁尔-萨卢科斯家族看似能收购芝路酒庄时，他们最终在拍卖会上输给了一个投资财团。贝尔酒庄（Château Bayle）在 1855 年官方评级中还是使用相同的名字。

在 1932 ~ 1981 年，芝路酒庄一直由保罗·里瓦尔 (Paul Rival) 掌管。1981 年，酒庄被加拿大商人弗兰克·纳拜（Frank Narby）收购。2006 年，纳拜把它卖给了一群投资者，包括罗伯特·伯诺（Robert Peugeot）、骑士酒庄的奥利维尔·伯纳德 (Olivier Bernard)、卡农·嘉芙丽酒庄 (Château Canon-la-Gaffeliere) 的斯蒂芬冯·奈贝格(Stephanvon Neipperg)，以及泽维尔·普兰提，泽尔维还是担任经理但是有更大的权利。

自 1983 年起，酒庄着手的工作主要是解决里瓦尔遗留下来的问题。"第二次世界大战后，酒庄的重组是灾难性的。"普兰提解释道，"葡萄藤从东到西（代替从北到南）以低密度种植，且因为对索泰尔讷缺乏信心，红色品种被引进。"

葡萄园 70% 的区域位于含沙土壤上，并含有一点黏土，一直以 6 660 ~ 7 200 株 /

上图：泽维尔·普兰提，他是芝路酒庄的共同所有者，他和女儿劳蕾·普兰提都为桶中收获的 2009 年份酒感到高兴

公顷的密度重新种植。然而，普兰提最大的骄傲和喜悦是对葡萄藤的护理，他们培养了来源于酒庄和其他酿酒厂精心筛选过的葡萄藤。自 2002 年起，这些葡萄藤被重新种植和移植。

普兰提也已经平稳地使芝路酒庄走向有机的方向。除草剂在 1996 年被废除使用，杀

虫剂在 2000 年被废除使用。在 2009 年，芝路酒庄已经申请官方有机认证 2 年。

　　几千米的树篱也已经被种植以便促进平衡生态环境。树篱是许多昆虫（其中的一些是葡萄园的有害食肉动物，例如红蜘蛛）的安身之处。"我们正尝试扭转单一栽培的不便之处。"普兰提说道。

　　就葡萄栽培而言，普兰提的理论之一是葡萄孢菌自己定位于花中，但是保持休眠直到葡萄生理上成熟。因此，在成熟期所有治疗都应避免。他说，他比许多酒庄更早收获，但还是收获了有更高贵腐度的长相思。

　　85 公顷的土地致力于芝路正牌酒和副牌酒 Le Dauphin de Guiraud 的生产。更远的 15 公顷土地用于干白波尔多葡萄酒 G de Château Guiraud 的生产，它含有 70% 的长相思。

上图：与世隔绝的芝路酒庄，它最近的邻居是南边的菲乐酒庄和北边的依奎姆酒庄

顶级佳酿

Château Guiraud

酒庄有不同寻常高比例的长相思，葡萄园中的比例为 35%，伴随着 65% 的赛美蓉。混酿中比例有时会增加，比如 2001，长相思占了 45%。然而，葡萄酒还是饱满、浓郁且有烘烤味，芳香复杂，但余味新鲜而愉悦。自 2000 年起，芝路酒已经在新橡木桶中完全发酵，橡木可能已经给葡萄酒添加了更多的醇正感。加糖和低温萃取被有计划地避免。

2000 大部分索泰尔讷酒庄没有这款年份酒，但是芝路酒的长相思在雨前被收获且占据混酿酒中非凡的 70%。口感更清淡和直接，有明显的果酱味和柠檬味。令人惊讶的 120 克 / 升残余糖分，然而品尝起来似乎没有达到这个浓度。可能不能持久保存，但是在这一年的葡萄酒是杰出的。

2001 深色、浓郁、饱满且强劲。有蜡烛、蜜饯和烤肉的气味。口感沉重且浓郁，但是也许有点前卫。

2002 ★ [V] 清澈，金色。杰出的复杂感、纤细度和平衡感。饱满、平滑的质地，有杏仁、巧克力及持续的矿物味和薄荷味。余味悠长、新鲜。

2007 ★ 浅黄色。惊人的纯正气味，有确定的柠檬和柑橘味。饱满且浓郁，但平衡且优雅。残糖量与 2001 相同，为 125 克 / 升。余味有柑橘新鲜感，简单而美味。

芝路酒庄概况

总面积：128 公顷
葡萄园面积：85 公顷
平均产量：120 000 瓶正牌酒；36 000 瓶副牌酒
地址：33210 Sauternes
电话：+33 5 56 76 61 01
网址：www.chateauguiraud.com

拉佛瑞-佩拉酒庄（Lafaurie-Peyraguey）

我的确很喜欢拉佛瑞-佩拉酒庄。1983这款葡萄酒以它的果味、纤细感和细腻的平衡感从一开始就迷住了我，我买了一盒期酒（还有几瓶留下）。我还品尝了其他几款著名的葡萄酒，拉佛瑞-佩拉酒庄已经保持明显不变的风格，但还是1983使我成了酒庄长期的爱好者。

这座18世纪的酒庄，有13世纪的宏伟大门和坚固的围墙，坐落于波姆区（Bommes），但是葡萄园分散在波姆、索泰尔讷、普雷尼亚克（Preignac）和法尔格（Fargues）产区。紧挨着酒庄和酒窖的是11公顷围墙围起来的区域，它有类似黏土的沙砾土壤。正对奥派瑞酒庄（Clos Haut-Peyraguey）的中间阶地的更高处有另一个5公顷的黏土土地。在索泰尔讷区，一块更远的5公顷土地由黏土和含有石灰石的碎石构成。也有许多位于依奎姆酒庄和绪帝罗酒庄（Suduiraut）之间的土地，另外的0.5公顷土地在莱斯酒庄（Rieussec）附近，所有这些土地主要都有含沙的碎石土壤。

"考虑到葡萄酒的平衡和复杂度，各种各样的土壤以及阳光的照射是拉佛瑞-佩拉酒庄的优势之一。"经理埃里克·拉腊莫纳（Eric Larramona）说道。葡萄园分散的特点也有助于提高一致性。2006年，围起来区域的葡萄酒品质是折中的，所以混酿酒主要成分来自其他葡萄园。

拉佛瑞-佩拉酒庄自1984年起一直由苏伊士集团（Suez Group）掌管。在那之前，酒庄由酒商科迪埃（Cordier）掌管将近70年。葡萄园总是很好地被维护，移植技术用于使葡萄园保持充分的种植（每年种植5000株葡萄藤），平均藤龄40年。在1998~2004

下图：琥珀色的大小不一的酒瓶，其中盛装着在酒窖中悄然成熟的古老年份酒

拉佛瑞-佩拉酒庄（Lafaurie-Peyraguey）

上图：拉佛瑞-佩拉酒庄，它被葡萄园簇拥在中间，而散落在别处的葡萄园也为酒庄增添了复杂感

年，酒窖和酒庄被完全翻新。

从20世纪80年代起，葡萄酒酿造的责任交给了米歇尔·拉波特（Michel Laporte），随后由他的儿子扬尼克（Yannick）继承。埃里克·拉腊莫纳在2006年被聘为总经理，他先前曾经为伯纳德·玛格兹（Bernard Magrez）管理过黑教皇酒庄（Château Pape Clement）。

"我来自一个运用严格标准酿造优质葡萄酒的世界，但是那里的风险和限制甚至更大。"他宣称道。

贵腐葡萄被选择性地收获（都是3～7次尝试），然后被压榨，最初的两次压榨在气动压榨机中完成，第三次和最后一次在老式

顶级佳酿

Château Lafaurie-Peyraguey

这种葡萄酒是典型的索泰尔讷风格:饱满且浓郁,但是有和谐和平衡感,提供了葡萄酒的优雅。残糖量通常是 125 克／升,酒精度则是 13.5%,所以有并不夸张的强劲。芳香,葡萄酒非常醇正。赛美蓉是主要的品种(90%),剩余的是长相思和一点点密思卡岱。平均产量 1 850 升／公顷,有副牌酒 La Chapelle de Lafaurie-Peyraguey 允许进一步选择。

1983 ★ 从我的酒窖拿出,26 年后依旧有相同的爽口感和平衡感。蜜黄色。活泼,强烈的气味,有蜜饯、杏仁和橘子味。依旧非常年轻。口感和谐、香甜、圆滑但被新鲜的酸度平衡。

1997 深金色。有奶油、焦糖、奶酪和布丁的风味。吸引人的蜜饯水果口感,也有太妃糖、巧克力味。像往常一样和谐,余味新鲜。

2005 当然比 2006 或 2007 更饱满且更浓郁,尽管残糖量(123 克／升)实际上与 2006 相同。强劲且可以保存很长时间。有一点蜜饯味,但目前保留了芳香味。我感觉有点沉重。

2006 活泼、鲜明的气味,有杏仁和菠萝味。口感并非很浓郁,但很醇正。有讨人喜欢的果味,但错失了一点活泼的酸度以便给它额外的余味长度。

2007 ★ 从 9 月 13 日到 11 月 9 日被精心筛选超过 7 次。金色。气味还是不明显的,仅仅有一点柠檬和菠萝味。口感圆滑,有确定饱满的奶油味但是并非很浓郁。初尝时余味很活泼。非常醇正和精确。

垂直筐式压榨机中完成。"这种做法的优势是压榨等级更高,这是我们提取最浓郁果汁的来源。"拉腊莫纳解释道。发酵在新的(30%)、一年的和两年的混合桶中完成,最后装入大桶,然后陈酿 18 ～ 20 个月。自 2006 年起,更少系统性地上架且仅仅在品尝之后上架。

拉佛瑞－佩拉酒庄概况

总面积:47.5 公顷
葡萄园面积:36 公顷
平均产量:65 000 瓶正牌酒;25 000 瓶副牌酒
地址:33210 Bommes
电话:+33 5 56 76 60 54
网址:www.lafaurie-peyraguey.com

莱斯酒庄（Rieussec）

回到 1985 年，拉斐特的罗斯柴尔德男爵与阿尔伯特·弗里尔男爵（Albert Frere）合伙管理莱斯酒庄，拉斐特集团占有大部分股份。弗里尔男爵之后卖掉了他的股份，所以酒庄现在独自被罗斯柴尔德男爵拥有，查尔斯骑士从 1985 年经营莱斯酒庄直到 1994 年，那时他担任拉斐特酒庄和罗斯柴尔德家族在波尔多的其他酒庄的经理。他还是对莱斯酒庄保持了密切的关注，但现在日常管理交给了弗雷德里克·马尼兹（Frederic Magniez）。

莱斯酒庄恰好位于依奎姆酒庄的东边，依奎姆酒庄在另一块海拔 78 米的突出山丘上，这使得莱斯酒庄处于相对早熟的位置。大部分的葡萄园围绕着酒庄和酿酒厂，但是有其他的葡萄园在东部更远的法歌酒庄（Château de Fargues）附近。土壤由比例不同的沙子和碎石混合物构成，底土中有黏土，在有更少碎石的更低区域，黏土时常部分露出地面。保持水分的性能是重要的（酒庄有四个小溪），某些区域已经被排干。

一种令人印象深刻的饱满且浓郁的葡萄酒，就酒的强度和浓度而言，莱斯葡萄酒接近依奎姆酒庄

酒庄现在保持相当大的面积，额外购置的土地和租赁合约有助于将葡萄园从最初购置的 62 公顷扩大到现在的 92 公顷。自 1993 年起，35 公顷土地已经被翻新和重新种植，使得葡萄园具有平均 25 年的藤龄。

地基已经准备就绪，莱斯酒庄已经展示了平稳的进步，最近几年有更为壮观的飞跃。舍瓦利尔把这归结于几个因素："我们在收获时有更好的组织性，我们等待更久，如果必要的话将停止或立刻启动，有更多的收获者（多达 120 人），并使用浅的塑料盘（*cagettes*），以便更精心选择和保护葡萄。"

酒窖中也有所改变，自 2000 年起，所有葡萄都已经在大桶中发酵（1996 年部分是大桶，部分是不锈钢水槽）。针对正牌酒和副牌酒 Carmes de Rieussec 参考了拥有这座酒庄直到大革命时期的卡梅尔派（Carmelite）僧侣的选择，通过品尝 40 多次后决定。最后，莱斯酒在新的（60%）和一年的橡木桶的混合桶中陈酿多达 30 个月，这些橡木桶都来自拉菲制桶厂，它具有更持久但是并不强烈的"烤莱斯"味。

一种干白葡萄酒 R de Rieussec(5 000 ～ 50 000 瓶）由在贵腐前采摘的葡萄生产。

顶级佳酿

Château Rieussec

一种令人印象深刻的饱满且浓郁的葡萄酒，就酒的强度和浓度而言，莱斯酒庄接近依奎姆酒庄。在罗斯柴尔德起初接手的几年，酒庄已经实现了相当大的进步，正如以下的酒（在 2009 年 1 月品尝）所展示的，现在有更纯正的果味，更极致且更令人惊讶的强度和持久性，然而浓郁的赛美蓉（2001 年含 96.5%）使之成为了更活泼的葡萄酒。例如 2001 和 2005 是处于莱斯酒庄最伟大生产年份的葡萄酒。

1967（大瓶装） 橙黄色。芳香逐渐消失，口感比闻起来更令人印象深刻。凉茶（*tilleul*）味，新鲜（现在更多长相思被使用），精致的甜味，但是已过了巅峰期。

1975 深黄色，比 1967 更深。陈年葡萄酒和葡萄干气味演化成橘子和干果味。口感更具地中海（Mediterranean）风格。还是很饱满和活泼的——混酿中含有 18% 的长相思。

1988 ★ 莱斯酒庄代表性的葡萄酒，收获在 11 月 18 日缓慢完成。美妙优雅的葡萄酒，新鲜且平衡，有直观纯正的果香。口感有精妙的和谐感，果味和贵腐味还是明显的，酸度增添了活力和余味。

1989 明显优于 1990。深金色。令人印象深刻的浓郁果香。起初有硫黄气味，但会消失，留下无花果、杏仁和蜂蜜味。好的浓度、平衡感和质地，饱满且持久。

1990 一种变化的颜色。具有蜡、焦糖、干果和烤肉的成熟气味。口感甜但是逐渐消失，果香和平衡感不复存在。

1997 饱满、浓郁且可口。酒体强劲，并不十分复杂。有奶油、焦糖布丁和烤肉味。口感沉重，但是余味平衡。

2001 ★ 优质葡萄酒。深邃、清澈，呈金色。活泼、复杂的气味，有橙子和蜂蜜味以及最重要的新鲜感。口感平滑且精致，有美妙质地的果味和持久的余味。醇正且和谐，酸度掩盖了 145 克 / 升的残糖量。

2002 ★ [V] 品尝起来令人惊讶，这种葡萄酒有稳健的名望。看起来重量和原料更轻，但是是优质、新鲜和平衡的。含有蜜饯和蜂蜜气味的中等酒体。

2003 饱满，金色。香甜、丰富和浓郁的风格。复杂的芳香，蜜饯、蜡和水果硬糖味显示了该年的热度。口感丰富、油腻。最饱满的葡萄酒之一，含有 151 克 / 升的残糖量。

2005 强劲的葡萄酒，有许多储备。陈酿潜力大。气味有所保留但是清澈、醇正且浓郁。有蜂蜜味。口感圆滑、饱满——真正具有分量、强度和平衡的贵腐甜葡萄酒 (*liquoreux*)。需要时间耐心等待。

2007 桶中发酵的实例，但是看起来醇正、饱满且持久。橡木的品质还是出现了。

莱斯酒庄概况

总面积：137 公顷
葡萄园面积：92 公顷
平均产量：110 000 瓶正牌酒；67 000 瓶副牌酒
地址：33210 Fargues de Langon
电话：+33 5 57 98 14 14
地址：www.lafite.com

上图：采收前精致而脆弱的葡萄，为了获得更高的品质，它们都经过了精细的手工处理

绪帝罗酒庄（Suduiraut）

皮埃尔·梦特娇（Pierre Montegut）说绪帝罗酒庄是"最巴尔萨克（Barsac）式的索泰尔讷葡萄酒"。我能理解他的观点，由于它大部分的葡萄酒有好的酸度和潜在的矿物味，也就是说，绪帝罗葡萄酒有顶级索泰尔讷的强度和浓度，在顶级年份浓郁感尤其明显。

酒庄比大部分索泰尔讷一级酒庄的地势更低，这些一级酒庄都在索取这个地区山丘的空白区域。这使得它相对于莱斯酒庄和依奎姆酒庄有更晚的收获周期。土壤主要是含沙的碎石，有部分的石灰岩心土但只有很少的黏土，除了坐落于更高的依奎姆酒庄附近的10公顷土地。几年都没有耕种，这里在1998年和2004年被重新种植。

大部分葡萄园分布于这座壮丽的17世纪酒庄周围。对酒庄最初的印象是一座平坦的高原，两侧有树林，但是有一个缓慢的起伏和几个微妙的突起。正牌酒通常来自更高地面上做的各种尝试，而更低、含更多沙子的土地生产副牌酒 Castelnau de Suduiraut.

自从酒庄于1992年被安盛集团（AXA Millesimes）收购，这样的精确度就一直被保持。公司可能对接下来受挫折的1992（副牌酒的创立）、1993（没有绪帝罗正牌酒制造）、1994(等于平时产量的10%～15%）再三思考。自1997年起，葡萄酒持续达到高品质且一直有平稳的进步。"筛选过程已经被大幅度改善，我们收获更成熟的葡萄，所以没有必要给葡萄汁加糖。"梦特娇解释道。平均产量现在是1500升/公顷，低于1992年以前的1800～2200升/公顷。

酒庄也一直在投资酒窖，有越来越多的压榨机和一个精巧的热交换系统，它允许单个的大桶在发酵期间实现温控操作。起初发酵在不锈钢水槽中进行，一两天之后果汁被转移到大桶中（30%的新橡木桶）。陈酿持续18～24个月。有一个冷藏库用于冷冻萃取物，但是它被保守地使用，因而许多被混入副牌酒中。

在2004年，干白葡萄酒 S de Suduiraut（8 000～10 000瓶）被发售。它部分在桶中发酵，且通常主要成分是长相思，这给了它新鲜、芳香的风格。

顶级佳酿

Château Suduiraut

赛美蓉占了绪帝罗酒庄90%的植株且占据了正牌酒的95%～99%。自2001年起，筛选过程已经变得更为严格：正牌酒只占总产量的50%，而以前为60%～70%。最近的葡萄酒展示了令人惊讶的饱满的浓郁感，贵腐果味伴随着橘子味和矿物余味，这提供了优秀的余味长度。

1999 深金色。有焦糖气味，但是芳香会慢慢地淡去。口感饱满但有很好的平衡感且依旧年轻，酸度非常与众不同。

2001 这是一种饱满、浓郁的葡萄酒，有150克/升的残糖量。毫无疑问的强劲索泰尔讷风格。复杂的杏子、矿物和蜜饯味。口感丰富饱满，余味有一点酸度。有持久陈酿的潜力。

2007 ★ 没有2001强劲，但我更喜欢这种酒的平衡感和优雅。讨人喜爱的纯正果香和持久新鲜的余味。非常精致。更多的橘子或菠萝味会出现。

右图：气势恢宏的17世纪的绪帝罗酒庄，它坐落于风景秀丽的花园中，被葡萄园簇拥着

绪帝罗酒庄概况

总面积：200公顷
葡萄园面积：92公顷
产量：30 000～120 000瓶正牌酒；30 000～90 000瓶副牌酒
地址：33210 Preignac
电话：+33 5 56 63 61 90
网址：www.suduiraut.com

吉列酒庄（Gilette）

命运对这种杰出葡萄酒的创造有一种说法。在第二次世界大战爆发的时候，路尼·梅德威（Rene Medeville）参了军，从20世纪30年代起留下许多葡萄酒没有打开且储存在混凝土水槽中。战后他发现这些酒在外观和香气上是新鲜和年轻的，葡萄酒通过这种形式被保护而免于氧化。他打开了1934，它变成了新式吉列酒庄的第一批葡萄酒。

酒庄自1710年起一直在梅德威家族手中，正如索泰尔讷的莱丽莎酒庄一样。然后它由路尼的儿子克里斯坦经营超过40年，之后他又把酒庄交给了他的女儿朱莉·戈内特-梅德威和她的丈夫泽维尔。

葡萄园在普雷尼亚克产区的中心形成了一个围墙围着的区域。围墙帮助保存水分，这在干燥的年份如1978年、1982年是有益的，但与此相反，在湿润的年份可能是一个障碍。土壤是让水分自由穿流的沙子和碎石，下面有松散的石灰石底土。葡萄藤很老，在2009年平均藤龄将近50年。移植技术是用来代替表现不佳的葡萄藤的方法。

像所有顶级的索泰尔讷葡萄酒一样，这是一种来自葡萄收获季节的酒，选择性采摘的方式和其他地方一样重要。路尼·梅德威起初酿造了许多不同风格的吉列正牌酒：Demi-Sec，Demi-Doux，Doux和最昂贵的Creme de Tete。后者自1963年起一直是独一无二的，但不是每年都酿造。

葡萄在气动压榨机中压榨，然后通过天然酵母在不锈钢水槽中低温（17℃）发酵。10～12个月的酒精发酵后，葡萄酒用硫黄处理、静置，然后过滤，之后上架到混凝土槽里。现在需要陈酿16～20年，这是一种多年尝试和观察后经验性的选择。

顶级佳酿

Château Gilette

葡萄酒主要酿自赛美蓉，但是葡萄园里还有些长相思和密思卡岱。"我们不寻求巨大的浓郁感，所以残糖量通常为100～110克/升。"朱莉·戈内特-梅德威解释道。一些瓶内熟成的方式还是有价值的，缺氧使酒保持着年轻的外观但妨碍了香味的发展。到2010年，最新被瓶装的葡萄酒是1989。以下的葡萄酒在2009年11月品尝。

1937 ★ 旧索泰尔讷式的黄色，但有刺鼻的、清新的气味，香甜而活泼的口感。蜜饯味、柠檬果香主导着香气和味道。有薄荷味，吸引人的和谐与平衡感。超过70年的是可口的。

1953 在大桶中陈酿27年后装瓶。巧妙的纤细气味。橘子、橙子香味。口感相当值得纪念。浓郁的口感看起来葡萄酒还没有陈酿。风格当然更强劲。酸度更不明显。也许需要更多的瓶中成熟时间。

1975 ★ 黄色。强劲、深刻，有蜜饯和杏仁芳香。口感柔和且圆滑，有蜜饯味和一点焦糖味。平衡的酸度提供了持久不去的余味。

1979 金黄色。活泼的气味，含焦糖、巧克力、奶油和苹果味。口感饱满且有乳脂味，也有焦糖布丁味。更短和更甜的余味。

1983 ★ 在2000年装瓶。深金色。饱满且浓郁。口感和谐、柔和、丰富，有持久、新鲜的余味。

1985 芳香，有更多的花香味。口感饱满且充分，但不够复杂。有点更苦的余味，某些陈酿的索泰尔讷风格。

1988 ★ 醇正、直接且持久，但需要在瓶中陈酿。新鲜且年轻但封闭。类似于1983的风格。

吉列酒庄概况

总面积：4.5公顷
葡萄园面积：4.5公顷
平均产量：5 000瓶正牌酒
地址：33210 Preignac
电话：+33 5 56 76 28 44
网址：www.gonet-medeville.com

白塔酒庄（La Tour Blanche）

白塔酒庄的葡萄园跨越了高原的两侧，它坐落在朝北的波姆产区之上。斯容河（Ciron）处于波姆区后方，在 11 月灰色的一天，跟随它足迹的一缕薄雾突出了它的存在。在山脚下含沙土壤上的葡萄藤已经因为严寒脱去它们的叶子，但是无论如何都不用于酿造白塔正牌酒。随着高度增加以及土壤变成碎石和黏土，覆盖的叶子回来了。在山丘的另一面，我能看见葡萄园朝索泰尔讷的大方向倾斜。

酒庄接近葡萄园，酿酒厂和办公室形成了凌乱的复合区域的一部分，它包括一个葡萄种植学院。主人丹尼尔·埃弗拉（Daniel Iffla）在 1907 年死后，把白塔酒庄遗赠给了法国政府，条件是建立葡萄种植学院。自那时起，酒庄一直被法国农业部拥有和经营。

在 1855 年酒庄分级中，白塔酒庄处于一级顶级酒庄的行列，仅次于依奎姆酒庄。然而在 20 世纪大部分时间里，葡萄酒的品质是相当平庸的。从 1988 年起，白塔酒庄获得了重生。这很大程度上归功于新的指导，让-皮埃尔·若瑟兰德（Jean-Pierre Jausserand）在 1983 年被任命并且管理酒庄直到 2001 年他退休。他引进了新的大桶用于发酵并且在葡萄园设置了更严格的标准用于选择。副牌酒 Les Charmilles de Tour Blanche 在此时被推出。他的继承者科林·雷勒（Corinne Reulet）继续好的管理。

顶级佳酿

Château La Tour Blanche

白塔正牌酒的风格普遍强劲、饱满且浓郁，有香料芳香和异域果香。这是由于混酿中密思卡岱和长相思的加入。两个品种分别占据葡萄园的 5% 和 12%。它们在不锈钢槽中酿造，同时一起陈酿，结合在一起占据最终混酿酒的 17% ~ 21%。2009 年，为了确定每个品种真正的特点，它们被分开发酵，最终给混酿酒带来了更高的精确性。赛美蓉在 100% 的新橡木桶中发酵和陈酿 16 ~ 18 个月。自 2001 年起，培养的酵母一直系统化地被使用。过去十年平均产量是 1 300 升 / 公顷。

1990 饱满且强劲，但是有烟熏味和矿物余味，提供了葡萄酒平衡感。蜜金色。气味上没有失去浓郁。气味芳香，有烤肉味（大概来自橡木的老化）、无花果和烟熏味。口感饱满、油腻，余味有更多的焦糖味、奶酪味和矿物味。

2002 多达 157 克 / 升的残糖量，对于这种葡萄酒这个含量非常令人惊讶。气味芳香，有异域果味和杏仁味。口感香甜、圆滑，有类似的芳香味。余味有点辣。就我个人而言，我想要更多的紧缩感，但是它现在很可口。

2005 在品尝之前的两天刚装瓶！尽管气味还是相当保守，但是很醇正。仅有一点橡木味，暗示完整的木质结构。令人惊讶的口感：饱满且松软，非常浓厚。强劲但是有精致的质地。长久辛辣的余味。肯定需要在瓶中陈酿。

白塔酒庄概况

总面积：70 公顷
葡萄园面积：37 公顷
平均产量：45 000 瓶正牌酒；20 000 瓶副牌酒
地址：33210 Bommes
电话：+33 5 57 98 02 73
网址：www.tour-blanche.com

酒庄索引

致　　谢

我要感谢让·科迪欧（Jean Cordeau），他先前主管纪龙德省农业局（Chambre d'Agriculture de la Gironde）的葡萄园部分，以及基斯·范·利文（Kees van Leeuwen），波尔多大学葡萄栽培教授，他们在有关波尔多的葡萄栽培、气候和土壤方面对我提供了很多帮助和指导。我也要感谢所有的酒庄主人、经理、葡萄酒酿造者和顾问，在我为了这本书进行研究时，他们花费了大量时间与我分享了他们的经验。

相片制作人员

所有的照片都由琼·维恩 (Jon Wyand) 拍摄，除了以下例外：

第 6 ~ 7 页：克劳德·约瑟夫·弗耐特（Claude Joseph Vernet），从号角酒庄（Château Trompette）拍摄的第二视角的波尔多港，海事博物馆（Musee de la Marine），巴黎；罗杰-瓦尔莱特（Roger-Viollet），巴黎 / 布里奇曼（Bridgeman）艺术图书馆。

第 9 页：匿名，邦塔克三世（Arnaud III de Pontac），奥比昂酒庄 (Château Haut-Brion)；克兰斯帝龙酒业公司（Domaine Clarence Dillon）。

第 39 页：匿名，1855 年世界博览会上的巴黎公司（The Palais de l'Industrie at Exposition of 1855），巴黎城镇博物馆（Musee de la Ville de Paris），巴黎卡尔纳瓦莱博物馆（Musee Carnavalet）；查尔梅特档案馆（Archives Charmet）/ 布里奇曼艺术图书馆。

第 72 页：碧尚女爵酒庄；碧尚女爵酒庄。

第 119 页：骑士酒庄的大桶酒窖；骑士酒庄。

第 185 页：绪帝罗酒庄；绪帝罗酒庄 / 文森特·本戈尔德（Vincent Bengold）。